杉原厚吉 —————— 著
陳朕疆 —————— 譯

前言

——數學真的很有用！

我們日常生活中，常有機會用到數學與數理邏輯，筆者將在本書中一一介紹這些數學。故本書的重點放在數學的「用處」，說明如何利用數學來解決各種讓人困擾的狀況。寫作本書時，我盡可能不去收錄那些單純很好玩、滿足數學愛好者的好奇心的例子，而是以能夠解決問題的例子為主。只要是能夠讓人覺得「這也會用到數學嗎？」的例子，我都會盡量蒐羅進本書。這使得本書主題變得相當發散，難以整理成一個完整的系統。不過相對的，不管讀者讀到哪一章，應該都會有「數學真的很有用耶！」的感覺。

筆者在以小學生、國中生為目標讀者的月刊雜誌《孩子的科學》中有一個名為「押忍!!數學道」的專欄，並連載了7年半。本書就是以這個專欄的文章為基礎寫成的。我在學生時代時曾參加過空手道社，編輯部聽說之後，便提議取「數學道」這種有武道風格的名字。但我在寫這本書的時候，卻時時提醒自己不要寫出只有數學愛好者才有興趣的話題，而是透過努力突破障礙，也就等於用臥薪嘗膽的態度，獲得了有用的技術和想法。在這個精神下，我試著從連載的文章中嚴選出某些對大人也很有用的話題，改寫整個內容，完成本書。

想必有不少人覺得數學這種東西和自己沒什麼關係，讓那些喜歡數學的人自己去玩就好；或者覺得數學是一門類似藝術或知識性的學問，如果以後有時間的話再來試著研究看看。

不過，本書所介紹的數學既不藝術也不學術。雖然沒有藝術之美，但本書的數學卻有著接地氣般的實用性，讓我們能將數理邏輯應用在平時的生活中。與其說本書在談數學，不如說是在談「數理工具」，或者說「將數學當作碰上麻煩時用來解決問題的工具」。

本書任一個主題所談的數理思考方式，都能幫助我們解決日常生活上的問題，這就是本書各主題的共通點。我希望各位讀者在讀過本書之後，能夠體會到我們的周遭其實隱藏著許多數學，數學真的很有用。

2017年1月

作者

《生活中無所不在的數學：解決問題的最佳工具》目次

第1章 工作時會用到的數學技巧

第2章

解決日常生活中所碰到的麻煩

第3章

數學讓你享受到興趣的不同面向

第4章 這種情況下，要怎麼利用數學解決問題呢？

第5章

有效運用「幾何力」解決問題

第6章

更多實用的數學

第1章

工作時會用到的數學技巧

嗯～

如何增加「勝率」

——分析對手的資訊並一一應對，便能百戰不殆

〔關鍵字〕賽局理論

「怎樣才能得到最好的結果呢？」——持續思考這個問題是在比賽中獲勝的鐵則。如果己方有壓倒性實力的話，固然沒有必要考慮對手的作戰策略；但如果己方與對方的實力差不多的話，隨著對手做出不同策略，己方也需以不同策略應對。不管是商業競爭、遊戲，還是運動比賽，都適用這樣的原則。

就拿棒球來說，當打者已經有2個好球的時候，下一顆球會是直球還是變化球呢？假設這位打者擅長打變化球，如果打者猜下一球是變化球，事實上卻是直球的話，打者有很高的機率被三振。相對的，如果猜下一球是直球，事實上卻是變化球的話，應該還能夠勉強打成界外球……。

像這樣分析對手出招，並依此做出獲利最大、損失最小之決策，便屬於「**賽局理**

論」的研究範圍。而在我們周遭最常看到的賽局，大概就是「猜拳」了吧。

有沒有辦法「提升猜拳的勝率」呢？

猜拳原本就是一種為了公平而使用的人選決定方法，故應不存在所謂的「必勝法」才對。

但若是要「提升獲勝機率」的話，還是有努力的空間。

如果只玩一次猜拳，可能還看不出所以然，但如果和同一個人玩很多次猜拳的話，便可逐漸看出這個人猜拳時的某些偏好，我們可以利用這些偏好來提升猜拳的勝率。

假設你現在偶然看到A和某個人正在玩猜拳。這裡我們將剪刀、石頭、布分別以「剪」、「石」、「布」表示；A猜贏、A猜輸、平手時，則分別以「勝」、「敗」、「平」表示。舉例來說，如果A出石頭且猜贏，記為「石勝」；A出剪刀且猜輸，記為「剪敗」；A出布且平手，則記為「布平」。

觀察了A的9次猜拳後，得到的結果如下：

石勝、剪平、布敗、布勝、布平、石平、剪勝、石敗、布平

也就是說，A第1次猜拳時出石頭且猜贏了，第2次出剪刀平手，第3次出布且猜輸了，第4次又出布但這次猜贏了……依此類推。那麼，我們能不能從這些資料找出A猜拳時的偏好，進而提升對A猜拳時的勝率呢？

確認對手的偏好

最單純的方法，就是計算A各出了多少次剪刀、石頭、布。A出了2次剪刀、3次石頭、4次布，故可推論A應該很常出布，卻很少出剪刀。雖說如此，但我們也只觀察了9次猜拳結果，資料量仍嫌不足。若要單純由A出的拳種判斷A的偏好，應該要多觀察幾次猜拳結果，才能得到比較值得信賴的結論。再說，如果因為「A很常出布」，我們就一直出剪刀的話，A遲早會察覺到我們的意圖。

若我們還想再多了解一些A的偏好的話，可以試著把焦點放在「A本次出的拳種

表1　將「本次出的拳種與下次出的拳種」列表

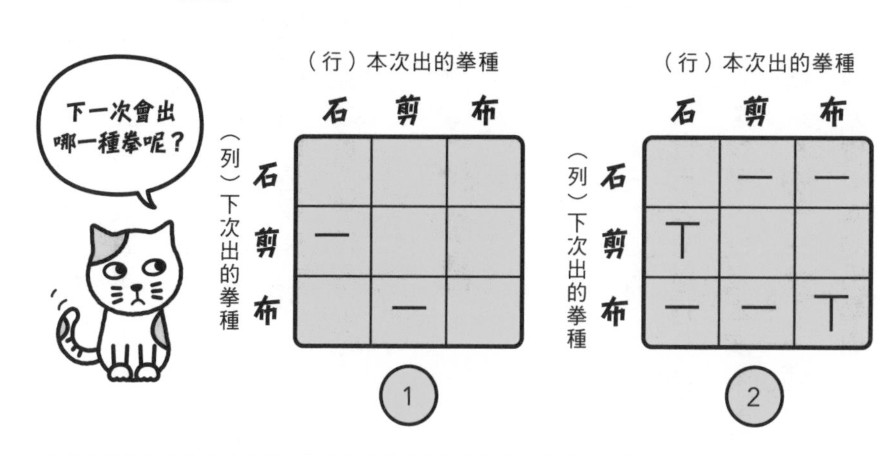

與下次出的拳種的關係」上面。我們可以畫出一張「3縱行、3橫列」的表，如表1的①。3個名為石、剪、布的縱行，分別代表「本次出的拳種」是石頭、剪刀、布；3個名為石、剪、布的橫列，分別代表「下次出的拳種」是石頭、剪刀、布。

我們關注的是A所出過的9次拳中，「本次出的拳種」與「下次出的拳種」的關係。A第1次出石頭，第2次出剪刀，故在①的第1行（代表本次出石頭的那行）與第2列（代表下次出剪刀的那列）的交接處記錄一劃。A第2次出剪刀，第3次出布，故在①代表剪刀的那行，與代表布的那列的交接處記錄一劃。依此類推，最後可將A的9次出拳情形重新整理成②的8個劃記。

此類推，最後可將A的9次出拳情形重新整理成②的8個劃記。

由這張表可以看出，A有兩次在出石頭後的下一拳出了剪刀，也有2次在出布後的下一拳又出了布；另外，出石頭後的下一拳從來沒出過石頭，出布後的下一拳從來沒出過剪刀。看來這張表似乎有點用處。如果可以再多觀察一陣子A出拳的情形，應該可以提高這張表的信賴度才對。與一開始的方法相比，這種方法比較不會讓A察覺到「自己出拳的偏好是否被看透了呢？」，故A應不會改變他的出拳模式。

對手常出的拳種，比較少出的拳種

讓我們再試著多考量一些因素吧。除了「A本次出的拳種和下次出的拳種」之外，再將「A這拳是贏是輸」納入考量，藉此判斷A下一次比較有可能會出哪種拳。

我們可以用表2這種9縱行、3橫列的表來整理A出拳的偏好。每1縱行表示「本次出的拳是什麼，以及本次是贏是輸」，每1橫列表示下次出的拳是什麼。將先前A的九次出拳資料②一一填入，便可得到表2。這張表也一樣，若能蒐集到更多資料，便能更精準地分析出A的出拳偏好。

表2　將「本次是贏是輸或平手」加入表中

（行）本次出的拳種；（列）下次出的拳種

	石			剪			布		
	勝	平	敗	勝	平	敗	勝	平	敗
石				—				—	
剪	—	—							
布			—		—		—		—

可以推論出該用什麼方式應對這個對手，也就是「若想多贏一些的話，應該要多出哪種拳」。但是，若因為統計結果顯示A最常出布，使你決定之後每次都出剪刀的話，A遲早會發現你的做法，進而改變他的出拳模式。因此與A猜拳時，最好還是假裝自己隨便出拳，但暗自增加一些出剪刀的比例，長遠來看，才能夠一直猜贏A。

利用「前一次獲得的資訊」計算出來的「條件機率」

在「對方前一次出的是石頭」這個條件之下，「下一次會出哪種拳」的機率，是一種「**條件機率**」。如果已知前一次狀態（比方說，前一次對手出的是石頭）是什麼，就知道下一次各種

件機率」。如果已知前一次狀態（比方說，前一次對手出的是石頭）是什麼，就知道下一次各種可能狀態（下一次對手出剪刀、石頭、布）之條件機率的話，這個系統就稱為**馬可夫過程**。

這次介紹的例子中，我們假設對手的行動是一個馬可夫過程，並由我們觀察到的資料求出條件機率。不過，若想精準地算出這些條件機率，需要相當充分的資料才辦得到，故努力蒐集資料是一件很重要的事。

海螺小姐猜拳單元的分析

當我知道有人真的用這種方法來分析猜拳時會出什麼拳時也頗為吃驚。動畫《海螺小姐》最後有個「猜拳單元」，而一個名為「海螺小姐猜拳研究所」的團體，記錄了25年來的出拳結果並加以分析，在2015年時，贏過海螺小姐的機率已達78．5％。

他們在分析猜拳的資料時，用的不是只有「前一次的出拳資訊」，還會用前兩次出的拳種來預測下一次出的拳種，並分析出了「很少連續3次出同樣的拳種」、「新一季開播時，第一次猜拳通常會出剪刀」等出拳種類的傾向。如果海螺小姐在猜拳時真的

作人員決定的，故會透露出工作人員猜拳的「偏好」。猜拳還真是一門深奧的學問呢。

為什麼有時候多數決的結果卻不能代表「多數人的意見」？

——當「最想要的東西」＝「最討厭的東西」時

〔關鍵字〕心理悖論

「服從多數人的意見」是民主主義的精神之一。因此，當團體內人們意見出現分歧時，大多會以「多數決」的方式決定策略。

但多數決有的時候會發生「最多人喜歡的食物，也是最多人討厭的食物」、「最多人想加入的政黨，也是最多人不想加入的政黨」這種很奇怪的狀況。比方說下面這個例子。

現在X公司正在籌備創業30週年的活動。各部門均需在舞台上表演一個節目，而某部門的主管詢問同仁「想表演什麼」，並討論出「①合唱、②魔術、③演戲」3個選項。

而多數決的結果顯示，這3個選項中「合唱」獲得了最多票，卻也有人說「我是音

痴，所以絕對不要唱歌」而拚命反對合唱。於是主管說「那我們改從這3個選項中選一個最不想做的吧」，並再用了一次多數決來決定。神奇的是，最多人不想做的也是合唱……。

這種事其實很常見，一點也不稀奇。不過若碰上這種狀況時該怎麼對應呢？

以多數決決定事情的時候，「順序」很重要

當然，部門的同仁們並沒有故意要為難主管。通常我們會相信多數決是最公平的方法，也是「從分歧的意見中做抉擇的最佳方式」。但事實上並非總是如此，接著就讓我

們試著來說明為什麼吧。

假設現在部門裡有A～G共7名同仁，並請他們從合唱、魔術、演戲中做選擇，依照自己喜歡的順序，在表1的各列中填上「1、2、3」。以A為例，他最想辦合唱，接著是魔術，最不想要演戲；而D最想表演魔術，接著是演戲，最不想要合唱。

如果讓A～G這7位同仁從這三個選項中，選出「自己最想做的事」，那麼A、B、C3人會選擇合唱（以1表示），D、E兩人會選擇魔術，F、G兩人會選擇演戲。因此，多數決的結果會是合唱。

另一方面，如果讓同仁們從這3個選項中，選出「最不想做的事」的話，大家便會回答表中「自己的第3名」。也就是說，D、E、F、G4人會反對合唱，A、C兩人會反對演戲，B一人會反對表演魔術。

所以，雖然每個人都很認真地表達自己的意見，但統計投票的結果後，卻發現大家最想做的事，以及最不想做的事都是「合唱」。

在這個例子中，主管不應該在一開始就問大家「想做什麼？從這3個中選一個吧」，而是應該要與所有人一起充分討論這3個選項的好壞，聽取各種意見、獲得所有人理解以後再做決定。如果充分討論之後，可以得到「那就決定表演魔術囉」之類的結

表1　最想做和最不想做的事都是「合唱」

	合唱	魔術	演戲
A	1	2	3
B	1	3	2
C	1	2	3
D	3	1	2
E	3	1	2
F	3	2	1
G	3	2	1

論的話是最好，要是再怎麼討論都無法達成共識的話，再用多數決當作最後的決策方式，若是走到這一步，想必大家也能接受用多數決決策了。

在所有人都明白多數決並非最好的決策方式的前提之下，事先與大家說好「大家對多數決的結果都不能有異議」，再進行投票，這才是正確的步驟。而且在投票的時候，應該只投「最想做的事」就好，不應投「最不想做的事」。

原因相同，結果卻讓人感到意外的悖論

國會議員選舉之類的小選區選舉也有類似的情況。假設有一選區應選一名議員，而X、Y、Z3個政黨分別推出一位候選人。其中，X黨與

其他政黨的政見有很大的差異，Y黨與Z黨的政見卻很接近。這裡我們假設支持X黨的比例為40％，支持Y黨與Z黨的比例分別是30％。

此時，所有人都可以想像到X黨可以拿到最多票，進而取得這個席次，而支持Y黨與Z黨的選民再怎麼樣也不可能會投給X黨的候選人。如果Y黨與Z黨可以放下彼此小小的差異，聯合提出一位候選人，對這2個黨都比較有利。事實上，真正的選舉活動中也很常發生這種事，也沒有人會覺得意外。

不過，當自己投票得到「最想做的事＝合唱」、「最不想做的事＝合唱」的結果時，卻會覺得很不可思議，這才真的讓人覺得意外。因為這2件事其實源自於同一個原因。

沒有最佳策略的話，就選擇次佳策略！

——有效率地為工作與人員配對

〔關鍵字〕網路與配置問題

地方自治組織在分配工作時，明明只需要一位負責會計工作，卻有3個人想接這個職位。發生這種情況時，大都會用猜拳之類的方式決定誰來接這個職位，但如果人數更多的話，有效率地將每一個人員分配給每一個工作，就不是件容易的事了。

假設現在有35人參加一個兩天一夜的研討會。做為研討會的一環，每一位成員皆需負擔一部分的清潔工作。每一個清潔項目與應配置的人數如次頁的表1所示，而每一位成員可以選擇兩個自己想做的清潔工作。

但是，35人並不是一個小數目，且每人還可以選2個想做的工作，於是，要怎麼分配工作才能讓所有人的不滿降到最低，便是一個很大的學問。

有沒有辦法讓所有人都能做他們最想做的工作呢？要是沒辦法讓他們做最想做的工

表1 怎麼分配工作呢？

清潔工作的負責人數	
清潔項目	應配置人數
A. 走廊	3
B. 黑板	2
C. 廁所	6
D. 地板	8
E. 窗戶	10
F. 花壇	6

作的話，能不能讓他們做第2想做的工作呢？聽起來是個很複雜的問題，那麼這個問題該怎麼解決呢？這應該是各組織、公司在舉辦活動時經常會碰到的問題吧。

與直覺或經驗相比，「網路理論」更值得依賴

當然，光靠直覺並沒有辦法處理好這種複雜的例子。就算想用嘗試錯誤的方式一一測試，若人數在100人以上的話，就不怎麼有效率了。這時就得用到接下來會介紹的方法。

如次頁的圖1所示，左側為35名研討會成員，分別以①、②、……表示，排成一縱行；右側則是清潔項目，分別以Ⓐ、Ⓑ、Ⓒ、Ⓓ、Ⓓ、Ⓕ表示，亦排成一縱行。接著將研討會成員①、②、……分別與他們想做的清潔項目Ⓐ～Ⓕ以「虛線」連起來

（表示預排的工作分配）。再將各項清潔工作的旁邊，以括弧標上各項工作的所需人數。這樣準備工作就完成了。

如圖所示，這是由「點與線」所組成的結構，是一種「**網路**」。

我們將利用這個網路，一步步決定每一位研討會成員該負責哪一個清潔項目。剛開始所有人都是虛線，不過當確定一個配對之後，便會將配對中用來連接這個人與這個清潔項目的線「由虛線改為實線」。

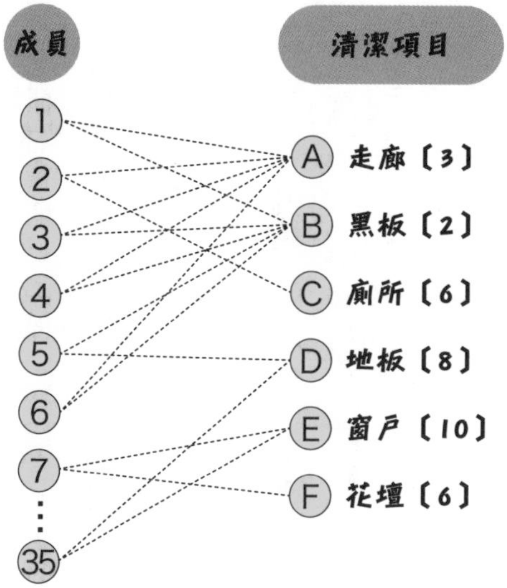

首先由上而下，只要清潔項目的人數未超過限制，便將每一位研討會成員與他們想做的清潔項目一一配對，並「將虛線改為實線」。第29頁的圖2顯示，一開始的5名研討會成員都被分配到了他們想做的清潔項目。

但當我們想為第6名研討會成員分配清潔項目時，卻因為他想做的Ⓐ

圖1　用以表示清潔項目分配的網路

成員
清潔項目
1
2
3
4
5
6
7
⋮
35
A 走廊〔3〕
B 黑板〔2〕
C 廁所〔6〕
D 地板〔8〕
E 窗戶〔10〕
F 花壇〔6〕

和Ⓑ都已經額滿了，沒辦法幫他分配到他想做的工作。但先不要放棄，我們可以先試著從第6名研討會成員出發，經由虛線連到右邊，再經實線連到左邊，並反覆進行這樣的操作，看最後能不能連接到尚未額滿的清潔項目。

圖2的網路中，可以得到以下的路線：

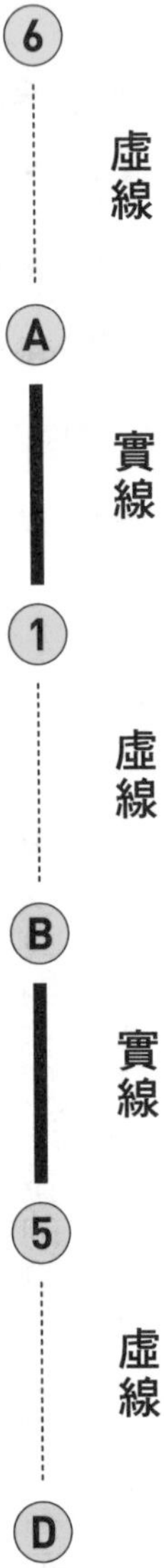

⑥ 虛線 Ⓐ 實線 ① 虛線 Ⓑ 實線 ⑤ 虛線 Ⓓ

找到這條路線之後，將路線中所有實線改為虛線，所有虛線改為實線，其結果如圖3。這條路線是原本從虛線開始，虛線結束，而我們又將虛線和實線調換，故最後會增加一條實線、減少一條虛線。也就是說，我們又成功完成了一個研討會成員與清潔工作的配對。

接著只要一直重複這樣的操作就行了。也就是說，若想再為一個成員完成配對，只要從這位成員出發，交替著經過虛線與實線，找出一條能夠「抵達尚未額滿之清潔項目」的途徑就可以了。找到這條途徑以後，再將實線改為虛線、虛線改為實線，就能夠為這位成員完成配對。

要是找不到這樣的路徑，就表示「若不剔除以配對完成的研討會成員，就不可能依照這位新成員的希望為他完成配對」。

圖2　雖順利完成了成員1～5的配對，但要為第6名成員配對時卻碰上了阻礙……

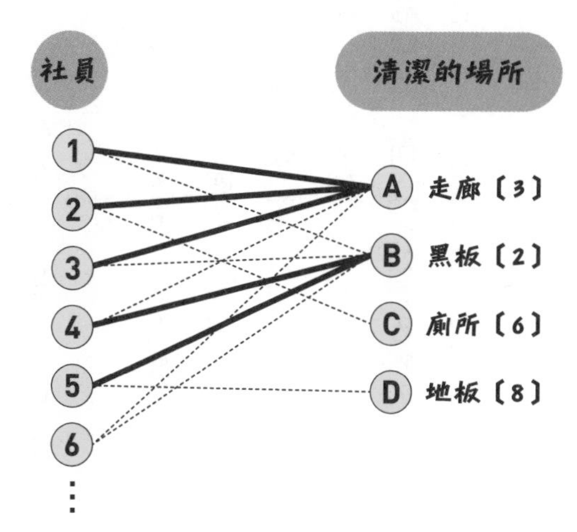

圖3　為第6名成員完成配對的方法

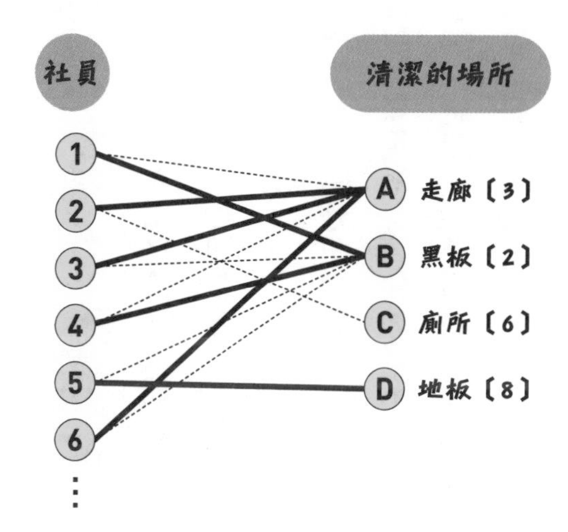

尋找次佳策略的「配置問題」

依照這種方法一一為研討會成員進行配對，最後便可得到「能滿足最多人期望的配對方式」。這時候，要是有人沒辦法順利配對到適當的清潔項目，便可以拿「不存在能滿足所有人期望的配對方式」做為理由，改由商量或其他方式解決。

為條件不同的人們進行配對，這種問題稱做「**配置問題**」、「**分配問題**」，是一種頗為複雜的問題。而且，如同我們說過的，不一定找得到能滿足所有條件的答案。

碰上這類不一定找得到答案的問題時，以上解法能夠「確認這個問題是否存在最佳策略」，並在確定沒有最佳策略時，找到能滿足最多人需求的「次佳策略」，這就是數學的威力，也是「數學很有用」的證據不是嗎？

冗長的資訊反而能減少失誤？

——簡潔明瞭的資訊並非總是最佳策略

〔關鍵字〕資訊的冗長性

當我們話說得太冗長的時候，就會被罵「講太冗長了，給我把話說得簡潔一點」。但如果把話說得太過簡潔，有時又會讓對方誤解我們的意思。因此，適當加入某種程度的「冗長」資訊，有助於減少對方誤會的機率。

拿與人約定碰面為例，如果對方是很熟的人，每次都約在同一個地方的話，基本上不太需要擔心對方弄錯碰面地點。

但如果是約在一個對方不曾去過的地方，就並非如此了。如果可以直接在地圖（像是Google MAP之類的）上指出地點的話是很簡單，但若想用言語說明正確地點的話，就沒有那麼容易了。就算你試著向對方說明「沿著中野的SUNMALL商店街一直走，然後右轉……」，然而從中野站下車後有好幾個剪票口，對方仍不曉得這個商店街是在北側還是南側的剪票口？商店街離車站很近嗎？還是有些距離呢？這只會讓對方覺得不安。這時，將碰面地點的資訊正確無誤地告訴對方的訣竅，不要僅使用最低限度的資訊告訴他，而在於「添加多餘的資訊」。

比方說，你可以告訴對方「R站西側的剪票口出來後，從左邊的樓梯下來，我們就約在那裡」。若是要指定地點，或許只要告訴對方「R站、西側剪票口、樓梯、下來的地方」就足夠了。但如果R站除了西側有剪票口以外還有東側剪票口，且從這兩個剪票口出來後，左右兩邊都有樓梯可以下去的話……。

這時會出現幾種可能會讓人搞錯碰面地點的因素，像①是弄錯東側與西側剪票口，或者是②弄錯左邊樓梯與右邊樓梯之類的。要是弄錯就找不到樓梯的話也就算了……如果弄錯方向後，也能看到另一個符合條件的「剪票口」，或者看到另一個符合條件的「樓梯」的話，可能就會沿著錯誤的路線走到錯誤的碰面地點了。

如果在告知碰面地點時，加一些多餘的資訊時又會如何呢？

「從R站的西側剪票口出來之後，沿著左邊的樓梯走下來可以看到一家麵包店。我們就約在那裡」若改用這種方式描述碰面地點的話，即使對方弄錯東西側剪票口，或者弄錯左右邊的樓梯，只要他沒看到做為地標的麵包店，就會有很高的機率發現自己「走

錯了」。也就是說，只要加入「約在麵包店前」這個看似多餘的資訊，就可以讓對方確認自己是否有走錯。如果擔心「可能還有其它麵包店」的話，只要改說「約在『誠文堂』這家老麵包店前面」就沒問題了。

找出傳送資訊時發生的錯誤，並加以修正的技術

傳送資訊時，「若增加一些冗長的資訊，有助於檢查出錯誤」。這個原理可衍生出檢查、修正錯誤的技術。假設我們要將「1359」這段數字傳送出去，卻在訊息傳送途中發生錯誤，接收方最後收到的是「1379」。光靠「1379」這樣的資

訊，收信方並沒有辦法確認這段訊息是否正確無誤。

假設發信方並非單純發送「1359」這樣的訊息，而是在發送訊息時將每個數字都重複一遍，也就是發送「11335599」，而接收方獲得的訊息可能會是「11337599」。此時接收方就可以確定1、3、9是正確訊息，不過仍不曉得第3個數字是5還是7。但無論如何，至少接收方能判斷傳送途中「發生了錯誤」。也就是說，若一次發送2個資料，接收方就能「檢查出資料是否有誤」。

再來，如果發信方發送訊息時，每個數字重複3次，發出「111333555999」這樣的訊息，而接收方得到的是「111333575999」，那麼接收方不僅可以像之前一樣，發現訊息中「第3個數字有誤」，還能夠判斷出第3個數字「應該不是7，應該是5」。也就是說，這種方式不僅能夠檢查出錯誤，還「能夠訂正錯誤」。

簡單來說，只要加上一些看似多餘的資訊，即使資訊傳遞過程中出錯，對方也能夠察覺錯誤；若加更多資訊，對方甚至有辦法修正這個錯誤。

介紹活動的傳單寫到日期時，常會以「12月10日（二）舉行」這種方式表示，同時寫上「日期＋星期幾」。因為我們只要翻翻日曆就知道12月10日是星期幾了，故這裡的

（二）看似是多餘的資訊。但加上星期後，若廣告的印刷出錯可以馬上發現，也可以防止自己記錯日期，提高資訊傳達的信賴度。

告訴別人約定碰面的地點在哪裡時，最好也不要省略太多資訊，而是要盡可能將各種地標告訴對方，確保對方找得到這個地點。

「多餘的資訊」可用來偵測錯誤，並加以修正。有這種功能的資訊，也被稱做「**偵錯符號**」或「**糾錯符號**」。在資訊傳輸領域中，常使用這類技術來提升傳輸的信賴度。這類偵錯方法也常見於我們的周遭。舉例來說，本書封面與版權頁上有著一串名為ISBN的號碼，這串數字的最後一個數字，就是用來檢查前面所有數字是否有錯的檢查碼。銀行帳戶的最後一碼通常也是檢查碼。

我們周遭有許多這種用來偵測錯誤、糾正錯誤的「多餘資訊＝冗長資料」，以便隨時確認資訊是否有誤。

本質不同的東西要如何比較呢？

——方便的「鐘形曲線」

〔關鍵字〕常態分配、偏差值

決定獎懲的時候，每間公司都有自己的評價標準。不過真正為一個人的表現評分時，多少還是會依照主觀印象打分數。這時候人們總是希望能有一個客觀的評價標準對吧。假設A是營業部業績最好的員工，B是行銷部業績最好的員工，他們兩位都是公司內很厲害的員工，但業績第一名的獎勵只有一個名額，那應該要怎麼決定誰才是真正的第一名呢？

分別考慮2部門的相對評價。在營業部內，若將對A的評價設為10分，那麼其他人分別會是8、7、5、……分；而在行銷部內，若將對B的評價設為10分，那麼其他人分別會是5、3、2、……分。這樣應可看出「就整個公司而言，B應該是表現最好的員工」對吧。

雖然這2人不是在同一個項目上比賽，我們卻想藉由某種方式比出這2人的高下，類似這樣的情形並不少見。我們希望不要只憑印象評價這2人，而是由某種有根據的數學方式為這2人評價。這種事有辦法做到嗎？事實上，這就是我們接下來的主題。

我們可以用「偏差值」來比較本質不同的東西

舉例來說，假設公司為促進員工情誼，舉辦了釣魚大賽以及採香菇大賽。一般來說，這2項比賽的冠軍應該會分開頒獎，但如果公司的冠軍獎盃只有一個的話，究竟該以什麼標準來判斷釣魚大賽的冠軍和採香菇大賽的冠軍哪個比較厲害呢？這就是我們接下來想討論的問題。

雖然「異質物的比較」本來就不是個簡單的問題，但並非完全沒有辦法。像「偏差值」就是一種很好用的工具。

首先，計算每位參加釣魚大會的人釣到了總重量多少的魚。依重量分為多個區間，如0～1kg、1～2kg……等，並計算每個區間內有多少人。接著將這些資料畫成圖，如圖1所示，以長條的高度表示每個區間的人數。這種圖又稱做「**直方圖**」。

同樣的，也計算每位參加採香菇大會的人採到了總重量多少的香菇。依重量分成多個區間，再計算每個區間內有多少人，畫出如圖2的直方圖。因為魚本來就比香菇還要重，所以將釣多少魚和採多少香菇這2者資料混合，直接用誰比較重來判斷誰比較厲害是不對的。

在直方圖上畫出鐘形曲線

在圖1（釣魚）與圖2（採香菇）的例子中，大體上來說，每個人釣到的魚會比每

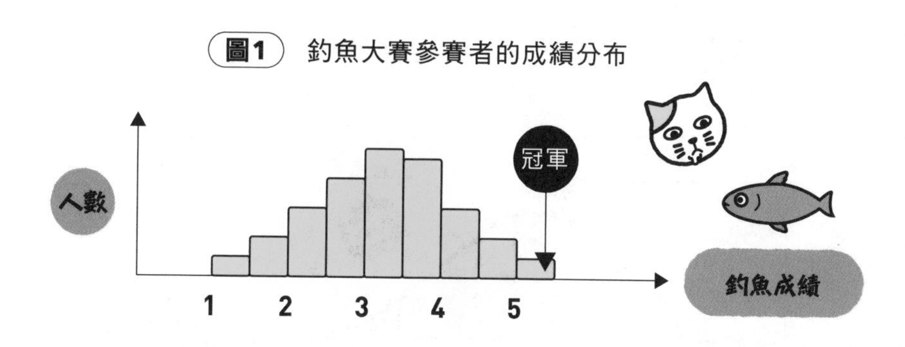

圖2　採香菇大賽參賽者的成績分布

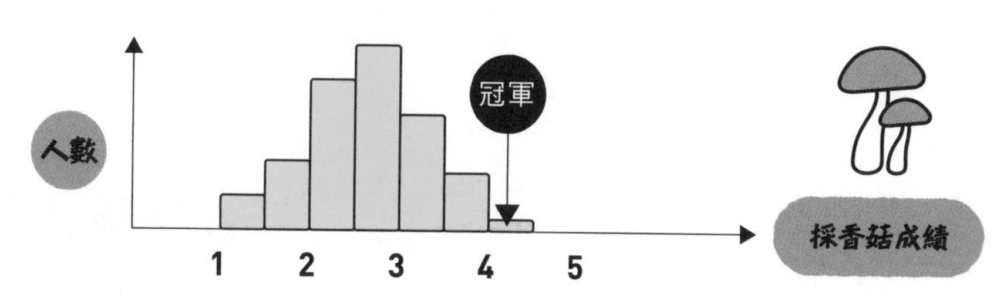

個人採到的香菇還要重一些。另外，若只看釣魚大賽參賽者的成績，可以發現釣魚成績最差和最好的人落差很大。相較之下，採香菇大賽參賽者們的成績落差就沒那麼大了。光看這2個直方圖，就可以發現2者資料的性質有一定差異。

為了公正地比較這2個資料，首先要找出一條可以剛好覆蓋住直方圖的「鐘形曲線」，如P.40圖3所示。接著要平行移動其中一張圖，使2條鐘形曲線的最高處在同一條縱線上，如圖4所示。最後將

圖3 試著以鐘形曲線覆蓋住兩個直方圖

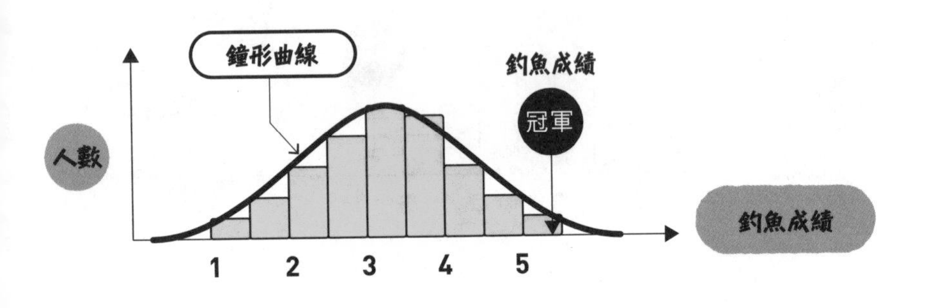

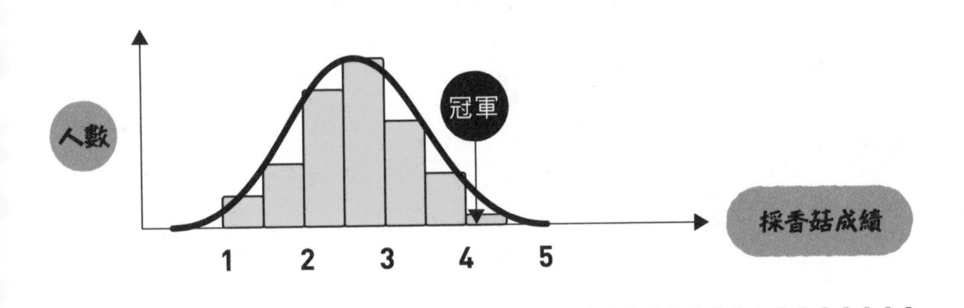

其中一張圖縱向、橫向放大或縮小，使2條鐘形曲線的形狀變得完全相同，如圖5所示。

在進行圖3到圖5的變形過程中，需保留我們在圖1、圖2所標記的冠軍位置。而最後再於圖5中比較哪一張圖的冠軍標記比較靠右，那一方的冠軍就是釣魚大賽與採香菇大賽的綜合冠軍。

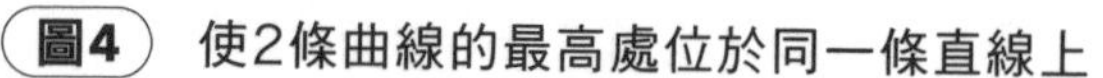

圖4 使2條曲線的最高處位於同一條直線上

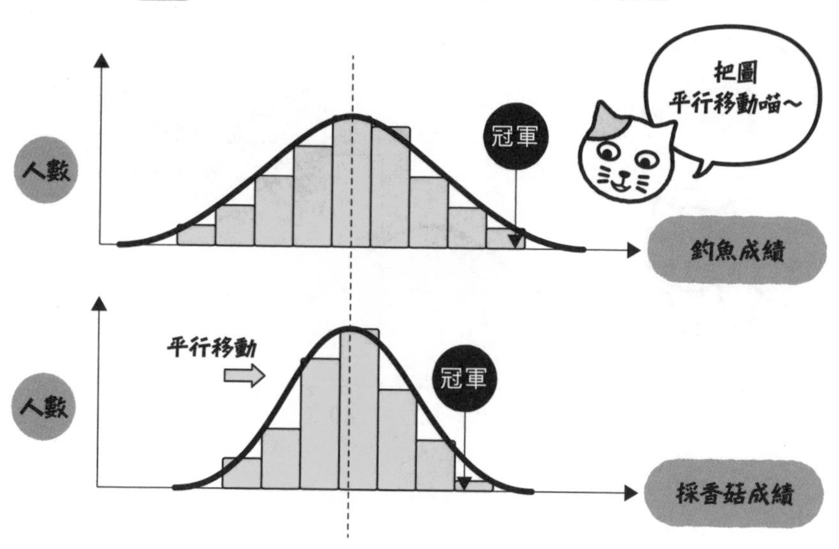

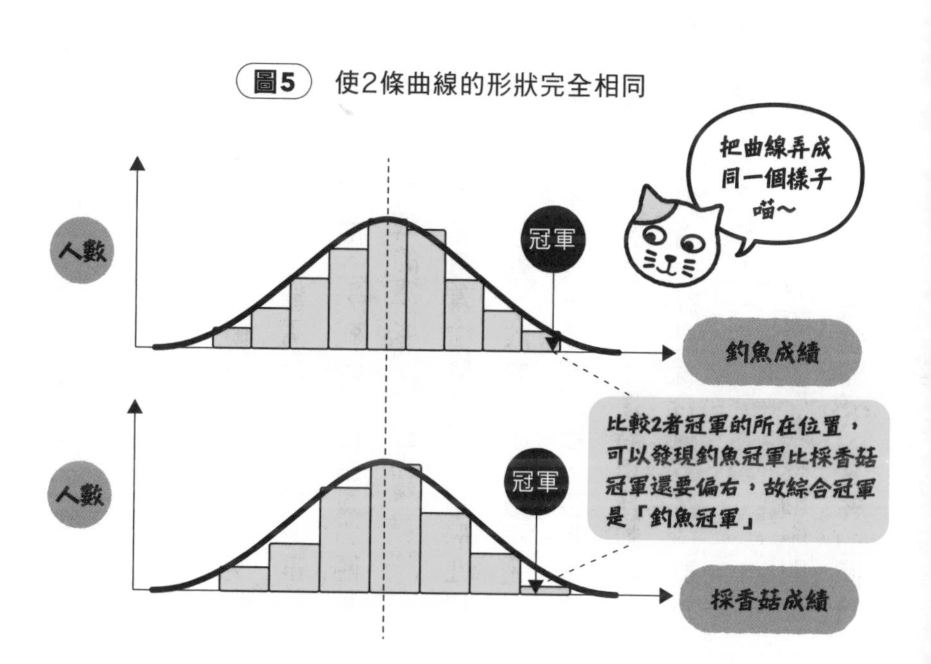

圖6　完成了！這就是常態分配曲線

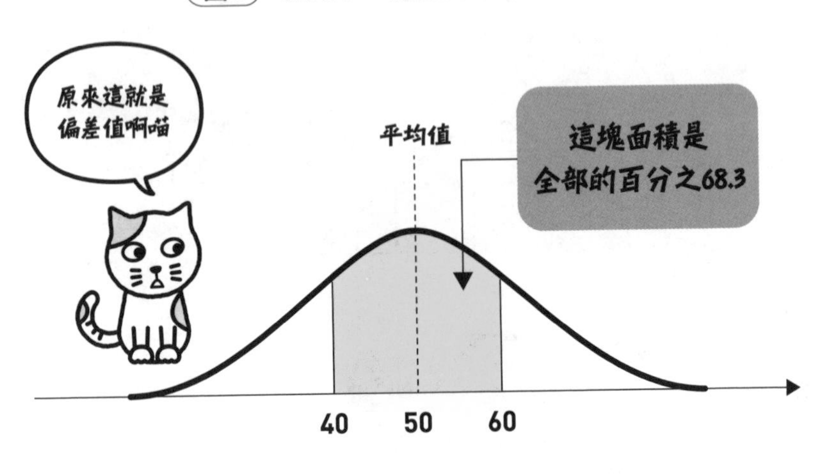

偏差值與常態分配曲線

要使用這個方法有個前提，那就是釣魚大賽參加者的釣魚技術，與採香菇大賽參加者的採香菇技術，皆需呈現自然的分散情形。若這個條件成立，就表示這張直方圖可以被一個左右對稱的鐘形曲線完美覆蓋住。

找到可以完美覆蓋住直方圖的鐘形曲線後，再透過平行移動、放大縮小等方式，一起改變鐘形曲線與直方圖的形狀，直到2條鐘形曲線的形狀完全相同。這時再比較哪一方的冠軍比較靠右，就是綜合冠軍了。整個邏輯大概就是這樣。

如圖6所示，假設鐘形曲線的中間值為50，而由中央往左右張開68．3％的面積時，兩端數值分別是40與60，這裡的40、50、60就是所謂的「**偏差值**」。偏差值越大的個體，就表示他與整個團體的落差越大，可說是一個「出類拔萃」的個體。也就是說，圖5就是在比較2邊冠軍的偏差值。

另外，這裡用到的「鐘形曲線」看起來就像是一座佔地廣大的山一樣，也稱做「**常態分配曲線**」。這是一種可以用來描述各種現象的分配曲線。

不要讓關係不好的人坐在一起

——如何決定聚會時的座位分配是商務人士的必備知識

〔關鍵字〕圖論

社會上有些人彼此的感情很好，也有些人彼此的感情很差。在公司的創立週年聚會，或者是社長就任典禮時，如果讓一群感情不好的人坐在同一個圓桌，可能會讓場面變得很難堪。要是弄得不好，被請來的公司社長可能會懷恨在心，說不定會影響到以後的合作計畫。如果你是這場聚會的主辦人，該怎麼安排座位才行呢？

這時，我們可以先依照親密度（或者說是嫌惡度）將賓客間的關係分成幾個等級。比方說，可以試著先分成以下5個等級。

❶絕對不能讓他們坐在隔壁
❷盡可能不要讓他們坐在隔壁
❸可以坐在隔壁，也可以不坐在隔壁
❹最好要坐在隔壁
❺一定要讓他們坐在隔壁

最後的❺可能是某公司的董事長和他兒子之類的情形。我們可以先將每一位參加聚會的來賓以一個圓圈表示，在圓圈中寫上他們的名字，並以線段連接所有圓圈。而兩位來賓之間的親密度等級，則可以用兩圓圈連線之「粗細」來表示。

現在假設有A～G等7人要坐在同一

圖1　以圖來表示任兩人「想坐在隔壁」的程度

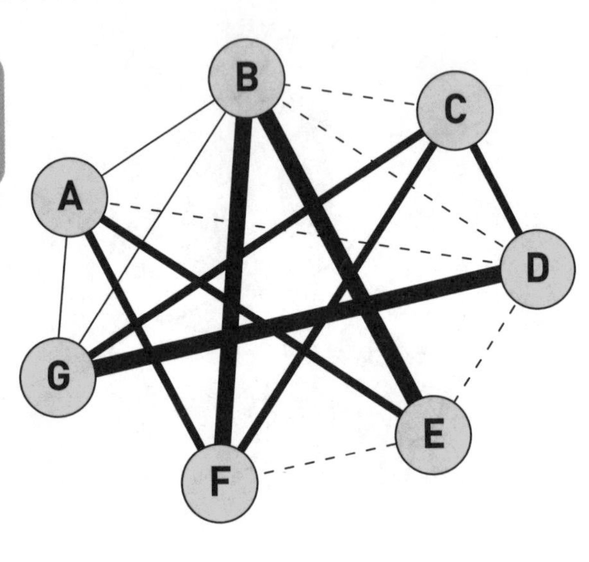

個圓桌，而這7人中任2人之間的親密度如圖1所示。

選擇較粗的線段

這種結構就是「**圖**」，圖中每個圓圈都是一個「**頂點**」，每條線段則是一個「**邊**」。而從一個頂點出發，沿著邊經過數個頂點後，回到原來的頂點，則稱做一個「**圈**」。在這個例子中，我們畫出圖後，需找出一個經過每個頂點卻不重複經過任一頂點的圈，且圈中的線段越粗越好。

我們找到的圈如圖2所示，這個圈依序經過A、G、D、C、F、

圖2　尋找由最粗的線段所組成的圈

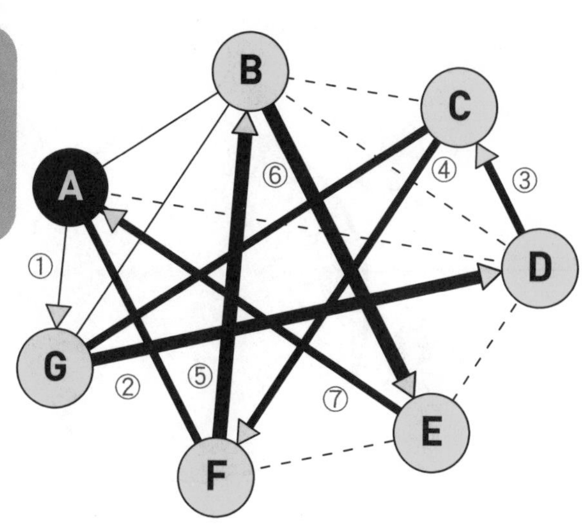

B、E、A等頂點，而線段粗細的總和為2＋4＋3＋3＋4＋4＋3＝23（一開始的2是A與G之連結線段的粗細，接下來的4是G與D之連結線段的粗細，依此類推。請參考圖1中線段粗細所代表的等級），是所有可能的圈中數值最大的圈。若依照圖2的路徑排座位，便可得到圖3的座位安排。圖3中，相鄰2人大都是用粗線連接起來的，想必這會是理想的座位安排吧。

光看圖1，可能很難看出能否只靠較粗的線段畫成一個圈。故一開始在尋找最粗的圈時，可以省略掉較細線段，只保留較粗線段。要是線段不

圖3 由「圖2」所決定的座位安排

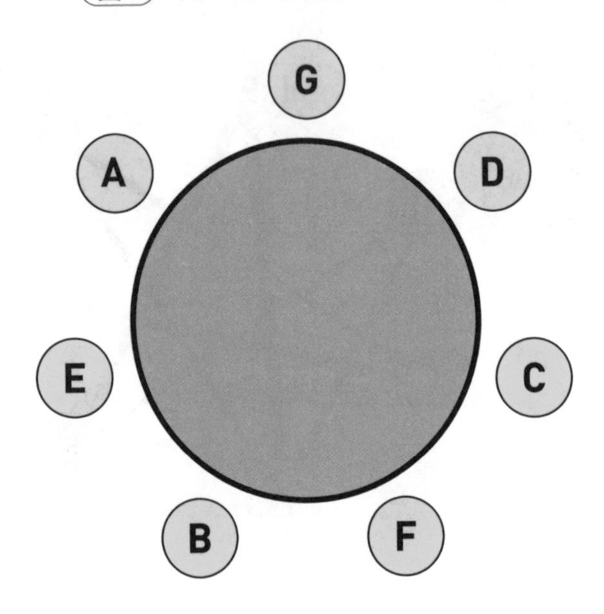

圖4 只列出等級4與等級3之粗線段的圖

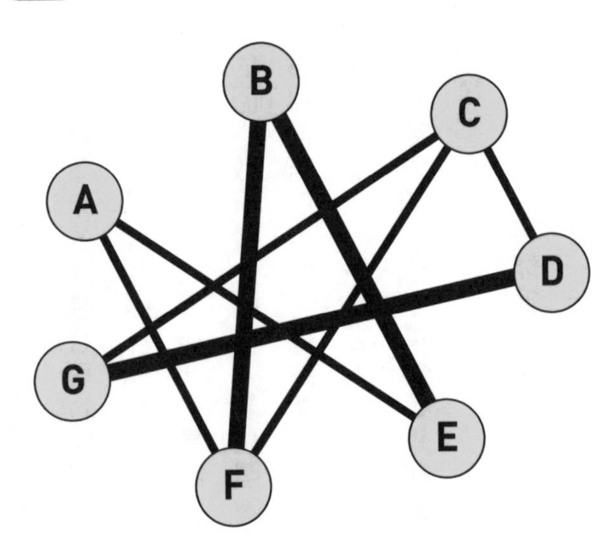

足以連成圈的話，再慢慢加上較細的線段。

一開始僅留下圖1中最粗的4條線段。但只靠這4條線段顯然沒有辦法形成一個可連接所有頂點的圈，故再加上次粗的線段共3條，得到圖4。然而圖4中也找不到一個可連接所有頂點的圈，故接著再加入第3粗的線段，便能找到一個可連接所有頂點的圈，如圖2。與其一開始就從圖1尋找最適合的圈，不如從圖4開始一步步尋找會比較清楚且有效率。

分成兩桌的情況

如果這7人可以分成2桌來坐的話，在圖4的階段就可以決定座位安排了。我們可將部分圖4內的邊改用暗黃色線段，如圖5所示。圖5中，每一個頂點不是在由黑色線段構成的圈內，就是在由暗黃色線段構成的圈內。故我們可將這2個圈各自安排成一桌，其結果如圖6所示。

就這樣，只要以線段的「粗細」表示兩賓客之間的親密度，再盡可能選擇由最粗線段所組成的圈，就可以得到最理想的座位安排。

圖5 「圖4」內所包含的2個圈

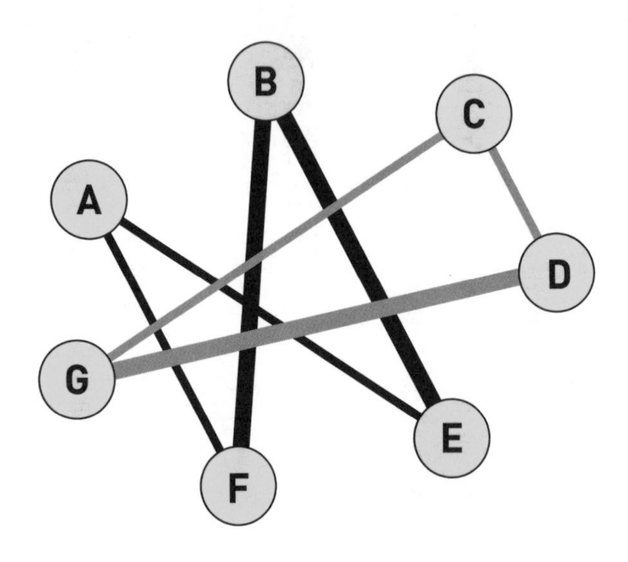

圖6 由「圖5」得到的2桌座位

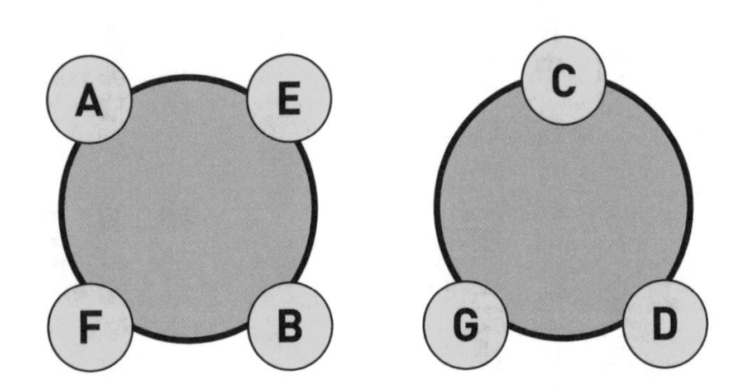

若頂點的數量過多，要找到由最粗線段所組成的圈就不是件容易的事了。所以當頂點數量多時，建議可以放棄尋找最粗的圈，而是從相對較粗的線段下手，再逐漸補成一個圈，這就是這個方法的好用之處。

可能會有人覺得「數學的圖論？那不是很難嗎？」但如果知道圖論也可以用在我們的周遭，應該也能體會到數學的廣博，以及數學的有趣之處吧。

太早也不行，聰明的佔位法

——設想最後到處都是人的情況，找一個不會被硬擠進來的地點

〔關鍵字〕用數理模型解決

一到春天，許多公司在賞花的同時舉行新成員的歡迎會。雖然早點到賞花地點才能佔到好位子，但即使一開始佔到了最好的位子，要是之後才來的團體硬是佔住隔壁位子的話，最後就會讓人覺得很擁擠……這種事應該很常發生吧。

這樣聽起來，好像不是「越早到場地佔位越好」的樣子。那麼，有沒有一種「究極佔位法」，可以讓人佔到一個在賞花結束前都不會覺得太擁擠的位子呢？

首先讓我們想想看，來公園賞花的人會依照什麼樣的順序來選擇位子吧。新抵達公園的團體在選位子的時候通常不是隨便亂選，而是有一個傾向。新的賞花團體在抵達公園時，會選擇「當時相對較為空曠的區域」。這也和我們的日常經驗相符。當我們到了一個可以自由入座的會場，而場內已有一個陌生人坐在某個座位上時，應該不會有人刻

意去坐到陌生人的旁邊吧。就是這樣的概念。

假設公園是長方形，並以點來表示各賞花團體佔的位子。並假設有新的團體要來佔位時，會選擇「盡可能遠離其他團體的位子」。也就是說，新團體在找位子時，會先設想一個不包含任何已佔位點的圓（又稱為**空圓**），並試著尋找最大的這種圓（**最大空圓**），找到後就佔住這個圓的圓心位置。這應該是很合理的假設。這種假設又稱做「**數理模型**」，可用來模擬各種現象。其中，若最大空圓有2個以上的話，就隨機選擇其中一個。

若各個賞花團體皆依照這個原則佔位，那麼最後各團體的分布便如圖1所示。第一個團體會佔住中央的位子，接著依照圖中編號的順序一一佔位。由這張圖可以看出，有些團體間的距離相當小，顯得有些擁擠。也就是說，就算是最早抵達公園，也不代表能佔到最舒服的位子。

另一方面，如果調整圖1中點的分布，使相鄰點的間隔皆相同，便可得到圖2的樣子。與圖1相比，圖2中的每個團體之間都保持著相同的距離，比較不會有擁擠的感覺。

打破原則的勇氣

那麼，為了避免選到擁擠的位子，又該怎麼佔位才好呢？那就是佔位的時候，要有打破原則的勇氣。也就是說，抵達賞花地點時，就應該要大膽捨棄「選擇離其他團體最遠，可以舒服賞花的點」這個大原則。而是要先預測這個賞花地點最後大概會擁擠到什麼程度，然後佔一個「與其他團體有一定距離，但其他後到團體不會想要硬擠進這個空間」的地點。這樣的話，至少在這個方向上可以與周圍團體保持一定距離，享有比較舒適的空間。

圖1　依照抵達賞花地點的順序，以最大空圓原則佔位的最終結果

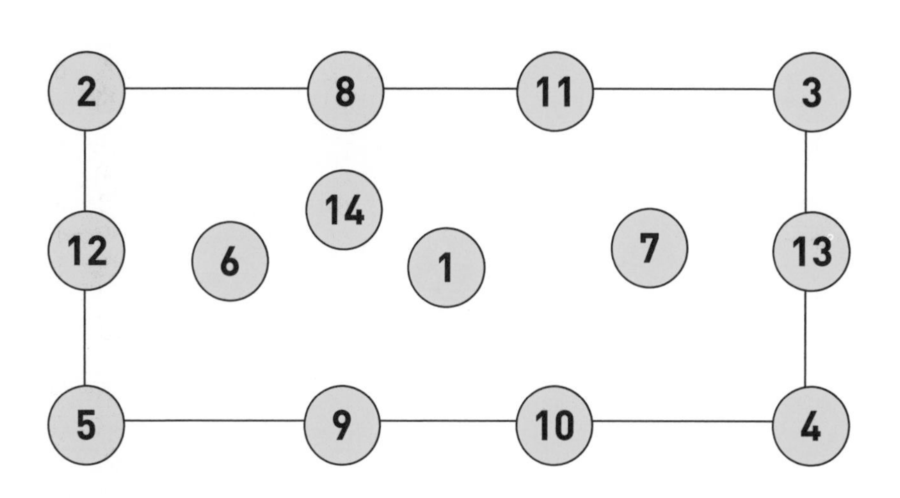

圖2　不以最大空圓原則佔位，
而是與相鄰團體取相同間隔佔位的最終結果

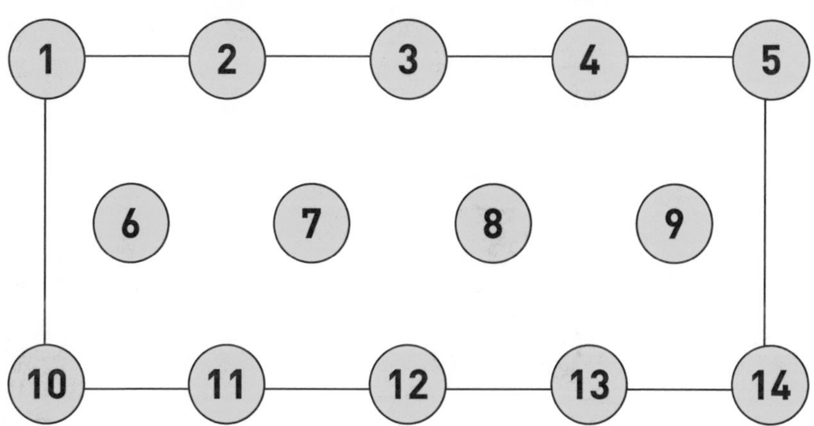

同樣的，在電車長椅上選擇坐的位置，在可以眺望美麗夕陽的海邊堤防上選擇可以讓情侶依偎的地點時，也可以使用這個方法。

第2章

解決日常生活中所碰到的麻煩

如何正確、簡單地調出想要的水溫

——宇宙由名為數學的語言寫成

【關鍵字】倒數比的應用

問題

製作料理時，溫度管理是不可或缺的要素。像是「泡茶時的水溫應為80℃」、「揉麵團時的溫度應為40℃」之類的。但是要調出這樣的溫度是一件很麻煩的事。有沒有什麼比較簡單的方法，可以正確調出想要的溫度呢？

調水溫的時候，我們可以用水溫計測量溫度以隨時調整。那有沒有哪種方法不需用到水溫計，就可以直接調出想要的水溫呢？事實上，確實有一種很方便的方法做得到這點。

將2種溫度的水混合在一起時，最後的水溫會由2種水用量的「**倒數比**」決定，故我們可以用這點來調出我們要的水溫。首先，讓我們確認一些水的性質。

性質①：冰水的溫度為0℃（冰水指的是水中浮有冰塊的水）

性質②：沸騰的水溫度為100℃

簡單來說，就是「冰水為0℃，沸水為100℃」。以下所用的0℃冰水，是先將冰塊放置冷水中，製成冰水後再取出冰塊；100℃沸水則是剛煮沸的水。

決定沸水與冰水的比例後混合

如P.61的圖1所示，假設我們取體積相同（比例為1：1）的0℃的冰水與100℃的沸水混合，會得到「50℃的水」。50℃是0℃和100℃間，正中央（1：1）的溫度。

接著，若我們將2種水以「1份0℃冰水」與「3份100℃沸水」的比例混合，會得到什麼溫度的水呢？如圖2，受到冰水與沸水的比例影響，最後的水溫會在0℃與100℃之間3：1的位置，也就是75℃的熱水。簡單來說，混合這2種水時，最後水溫與2個原水溫之差異的比例，會等於混合這2種水時所用水量比例的相反（又稱做倒數比），且最後水溫會位於0℃與100℃之間。

為什麼最後的水溫可以由兩水量的倒數比計算出來呢？這是因為混合前後，熱的總量沒有改變的關係。舉例來說，想像有3人分別擁有100日圓，而有一人擁有0日圓（即沒有錢），那麼將這些錢加總再平均分給4人時，每個人可以得到：

（100×3）÷4＝75日圓

和這是一樣的道理。

所以，若想調出a℃的水，只要將100℃的沸水（a）與0℃的冰水（100－a）的比例混合就可以了。

圖1　將100℃與0℃的水以相同體積混合，可調出50℃的水

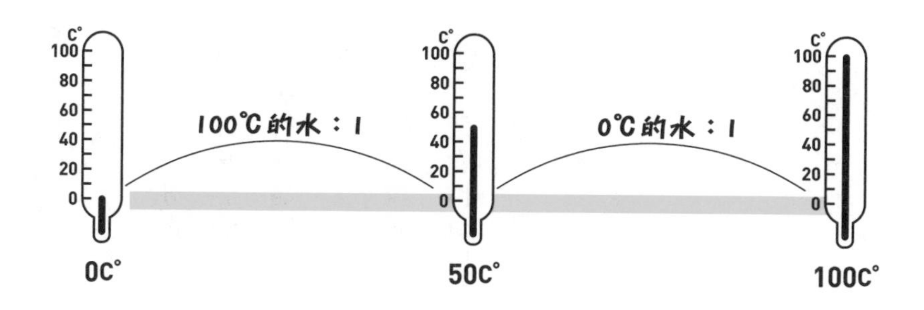

圖2　若將100℃與0℃的水以3：1的比例混合的話……

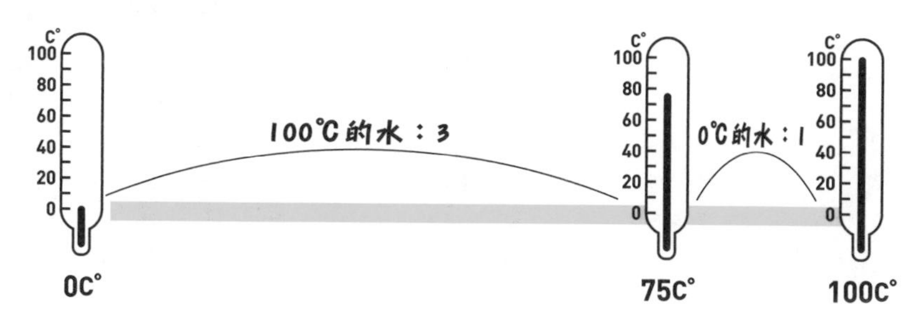

圖3　欲調出之水溫與使用之水量間的關係是？

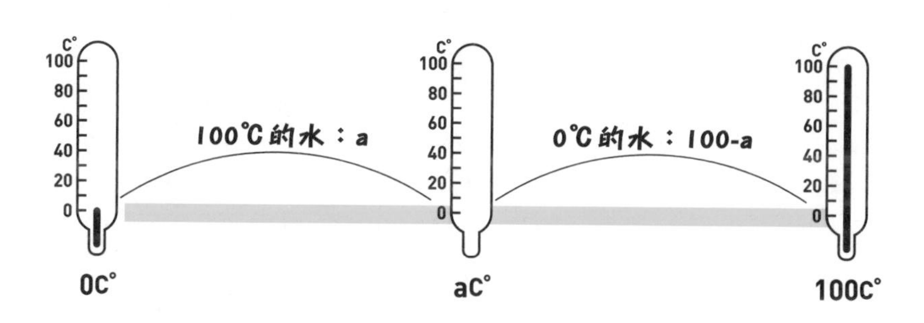

宇宙由名為數學的語言寫成

混合熱水與冷水時，最後的溫度是由自然界的性質決定的，原本應該與數學無關才對。不過就像你看到的，我們會將數學當做「用來描述自然界性質的語言」。同樣的，數學可以說明各種發生在我們周遭的現象。活躍於16世紀的義大利科學家，伽利略·伽利萊就曾留下：

「宇宙由名為數學的語言寫成」

這樣的名言。或者也可以說「我們能用數學精確地描述出自然界的規則」。學會數學之後，不僅可以進一步了解宇宙這種規模龐大的事物，也可以在調整水溫時派上用場，讓你的生活更加便利。

迅速找出想聽的CD

——實際運用在電腦搜尋技術上的超高效率方法

【關鍵字】二分搜尋法

問題

當收藏的CD太多時，要從收藏的CD中找到想聽的那一張會花上不少時間。請試著在不用電腦幫助的情況下，盡可能用最簡單的方式整理CD，並用最快的速度找出想聽的CD。

即使書架上擺了一大堆書，我們還是可以從書脊上的文字找到我們想要的書。但CD或DVD的側面過於單薄，要從CD側面的文字分辨是不是自己要的CD實在不是件容易的事。若真的要用電腦來管理CD也很麻煩。這裡就讓我們試著借重數學的智慧來幫我們整理CD吧。

要從那麼多東西中找出自己想要的東西有一個訣竅，那就是

「只用一個規則來排序，將所有東西排成一列」

可能你會聯想到依日期，或者依名稱排序。如果是依日期排序的話，可以從數字小的排到數字大的；如果是依名稱排序的話，可以依照日語的五十音排序，或者依照拉丁字母排序。

用數字或文字排序時，數字或文字又被稱做「**排序依據**」。CD很難用日期（購買日、發售日）排序，不過我們可以選擇用「音樂家的名字」當作排序依據，將CD排成一列。接下來只要照著這個順序將CD一一放入CD架或書架上就可以了。聽完一張CD後要放回架上時，一定要放回原來的位置，這很重要。這樣準備工作就完成了。

尋找的過程就是取中點、取中點、再取中點……

那麼，當我們要找一張CD的時候，又該怎麼用最快的速度找到這張CD呢？

首先從正中央附近拿出一張CD。不需要精準到剛好在正中央，只要大概在中間附近就行了。然後比較被拿出來的CD與想找的CD的名稱（排序依據）。這時可能會發生以下3種情況。

第1種是「拿出的CD正好就是想找的CD」這種超級罕見的情況。這種難得的好運大概一整年都發生不到一次吧。

第2種情況是「拿出的CD的順序（由排序依據決定）在想找的CD後面」。這表示想找的CD應該是在整排CD的「前半段」。

第3種情況與第2種情況剛好相反，也就是「拿出的CD的順序（由排序依據決定）在想找的CD前面」。這表示想找的ＣＤ應該是在整排ＣＤ的「後半段」。不論是第2種還是第3種情況，都可將搜尋範圍縮小到一半。

如果是第2與第3種情況，那麼下一個要做的，就是從搜尋範圍已縮小成原來的一半的ＣＤ序列中，拿出位於正中央的ＣＤ，再比較這張ＣＤ與想找的ＣＤ的名稱。若拿出的ＣＤ並不是想找的ＣＤ，就再比較這張ＣＤ與想找的ＣＤ的名稱，判斷接下來應該要往前找還是往後找。不管是哪種，都可以再縮小一半的搜尋範圍。接著只要一直重複這樣的步驟，就可以找到想找的ＣＤ了。

用這種方法來找ＣＤ的話，要重複幾次這樣的步驟才能找到ＣＤ呢？每拿出一次ＣＤ，搜尋範圍就會減半。假設ＣＤ總共有n張，那麼拿出一次ＣＤ時，搜尋範圍就會減為：

$$n \div 2 = \frac{n}{2}$$ （張）

而第2次拿出ＣＤ時，搜尋範圍又會再減半，如下：

$$n \div (2 \times 2) = n \div 2^2 = \frac{n}{4}$$ （張）

重複多次這樣的操作，假設我們拿出了k次CD，那麼之後要搜尋的範圍就會變成：

$$n \div (2 \times 2 \times \cdots\cdots \times 2) = n \div 2^k = \frac{n}{2^k} \quad \text{（張）}$$

當這個數字比1還要小的時候，我們應該就可以找到CD了。

要是還找不到CD的話？

要是這樣還找不到CD的話，有2種可能。第一就是「那張CD根本不在架上！」。像是你把CD借給朋友，他卻忘了還你之類的。第2則是上一次你聽完CD之後，沒有放回原本的位置，也就是「放到架上的其他位置了！」。如果真的是這樣的話，為了找出這張CD，需要把整個CD架都確認過一次才行。

所以說，「將CD放回時沒有放錯位置」是一個非常重要的大原則。有時候我們會在圖書館看到放錯書架的書。不管一開始管理員們再怎麼認真地為書籍編號，要是書被放錯書架，要再找出來就很困難了。

直接說結論。若CD都有照順序排好，那麼當我們想從這排CD中找出想聽的CD

表1 找出想聽的CD之前，取出CD的次數

n	k
2	1
4	2
8	3
16	4
32	5
⋮	⋮
1024	10

n＝CD張數、k＝取出CD的次數

就算有1000張CD，
只要取出CD10次
就可以找到
想要的CD囉

時，需確認的CD張數如表1所示。這張表中，若將右行的數字（k）當作2自乘的次數，計算結果就是左行的數字（n）。舉例來說，當k為5（右行）時，2的5次方是32（左行）；當k為10（右行）時，2的10次方是1024（左行）。

CD張數越多，這種方法的威力越強

乍看之下，這種方法可能會讓人覺得「有夠麻煩，感覺一點效率都沒有」。但事實上，CD張數越多，就越能發揮出這種方法的威力。如同我們在表1中看到的，即使所有CD的數量增加許多，要確認的CD張

數也只有增加一點點而已。就算架上有1000張CD，也只要確認10次拿出的CD，就能夠找到我們想要的CD了，不覺得這很神奇嗎？

事實上，這種方法用到的原理大家也很熟悉。當我們把1一直乘上2，可得到2、4、8、16、32、64、128、256、512、1024……等數字，當2自乘10次以後，就可得到一個超過1000的數字。再乘4次的話就會超過10000，是一個急速膨脹的過程。

而本節所介紹的方法就是反著利用這個性質來尋找我們的目標。也就是將一個數（所有CD的張數n）變成一半、再變成一半、再變成一半……一直重複這個動作後，很快的就會得到一個1還要小的數。不管運氣有多差，到了那麼時候也一定可以找到想要的CD。

像這種，每一次操作都可以使應搜尋範圍縮為一半的搜尋方式，又稱做「**2分搜尋法**」。當我們想從龐大的資料庫中，迅速找到我們想要的資料時，這是一項很基本的技術。

最近的便利商店，或者是SUICA（譯註：乘坐日本電車、公車、小額付款時可使用的卡片。類似台北的悠遊卡）等交通用IC卡每天都會記錄如洪水般的龐大資料（大數據）。

為了不被這數據之海淹沒，並反過來有效利用這些數據，我們必須擁有「能在短時間內找到想要的數據」的技術。這種可以用來找CD的二分搜尋法，就是其中一種基本技術。

如何改善「字醜」的問題

——不只是單一文字的美醜，整體的平衡也很重要

〔關鍵字〕平衡的幾何學

看到這個標題，或許有人會期待可以學到「能在一夜之間練成一手好字」的方法，可惜的是要練成一手好字並沒有那麼簡單。雖然最近有人成功開發出能記憶書法大師的字跡，並寫出同樣字跡的機器，但我們不可能帶著這種機器在路上走。雖然我們不太可能讓你馬上成為一位書法大師，但還是有辦法讓你的字不要那麼難看。

讓人意外的是，像公司社長、部長這類社經地位高的人物，有不少人會因為自己的「字很醜」而有種被比下去的感覺。若問他們原因，常會得到「除了簽契約書之外，參加結婚典禮或告別式時需要署名，有不少文件也一定要用手寫，這時候寫的字漂不漂亮根本就一目瞭然」之類的答案。做為一個社長，要是字太醜的話就太丟臉了，但也沒那個時間、精力特地去練習毛筆或硬筆……。本節內容就是為了幫助這些人而寫的。

重點不在寫得漂亮，而是要抓到平衡

那麼究竟該怎麼做呢？簡單來說，就是要寫出看起來「平衡感很好的文字」。即使是本來字很醜的人，若能做到這點，就能馬上讓字好看許多。這就是數學的威力。那麼就讓我們馬上來看看該如何寫出平衡感很好的文字吧。

第一原則──在正方形格子的空間內維持整體的平衡

請回想一下在稿紙上寫字的樣子。稿紙由正方形的格子組成。要是寫出來的字比這個格子還要小很多；或寫得太大，超過格子範圍；又或者是書寫時偏向格子的某一邊的話，只要幾個字就會讓人覺得缺乏平衡感。就算每個文字分開來看時很漂亮，整體看起來卻不和諧，反而讓人覺得字很醜。因此，將每個字正確配置在格子內的空間，保持整體的平衡感，是讓字看起來很漂亮的第一步。

小小的

大大的

第二原則——一筆一劃好好地寫

不要為了快而亂寫，而是要將組成文字的一筆一劃好好寫出來。該勾起的地方好好勾起，該停頓的地方確實停頓。

那麼，當我們在正方形的格子內仔細寫上一筆一劃時，要怎麼寫才能讓文字看起來有很好的平衡感呢？我們可以「將文字當成由線段組成的圖形」，那麼「平衡感很好的圖形會長什麼樣子呢」便可成為我們回答前一個問題時的提示。

次頁圖1中有三個正方形格子，格子內各有一個由線段所組成的圖形。這三個圖形中，你覺得哪個看起來的平衡感最好呢？我覺得三者之中，Ⓒ應該是平衡感最好的一個。

首先看Ⓐ，可以發現線段的分布偏向格子的某一邊，使整個圖形的「**重心**」偏掉

圖1 不要讓線段偏向格子的某一邊，而是要平衡地配置在整個格子內

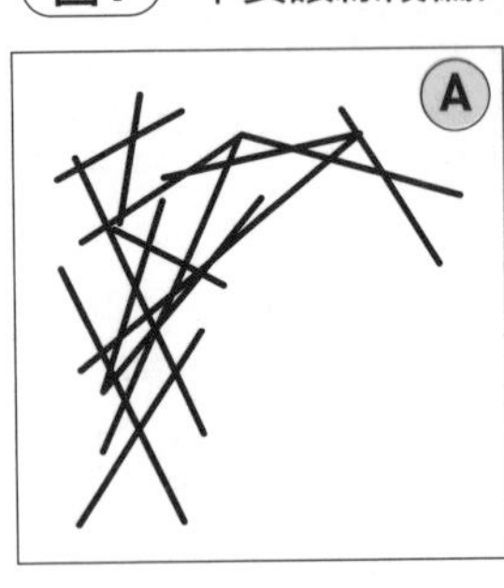

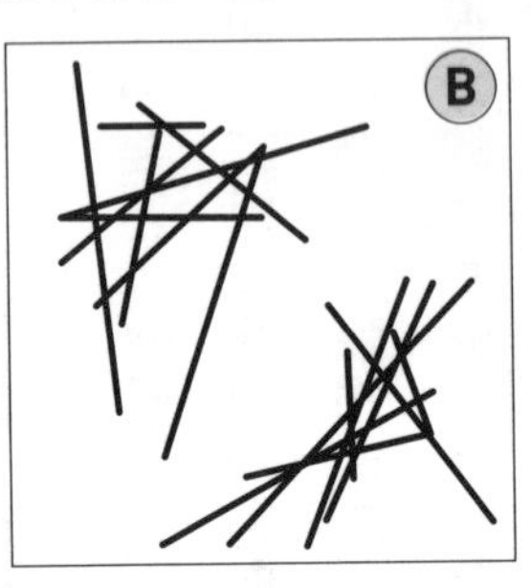

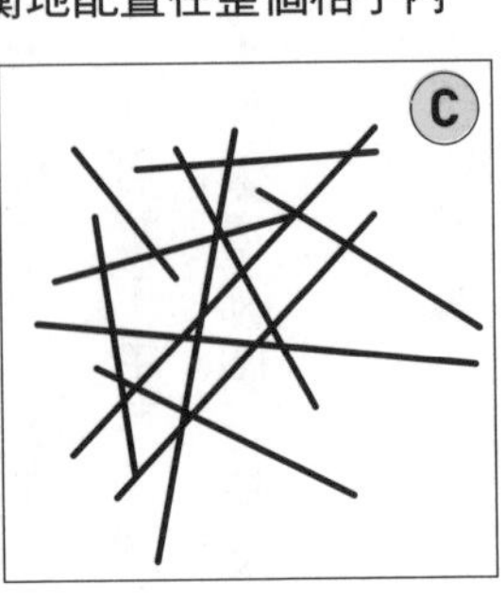

了。沒錯，若要寫出有平衡感的文字，最好讓這個文字（或者你把它看做圖形、繪畫）的中心（重心）位於格子的正中央。這也是寫出一手好字的第三原則。

第三原則——使圖形的重心在正中央

另外，Ⓑ圖形的重心確實是在格子的正中央附近。但我們可以看到圖中線段集中在兩個地方，使整個圖形的密度分布不均，有些地方比較濃密，有些地方比較稀疏。這樣的圖形也很難說有達到平衡。寫字時應避免所有線段集中在同一個地方，而是要讓線段整體均勻地散開在格子內。由此可以再衍生出寫出一手好字的第四原則。

第四原則——盡可能使線段的分布均勻

像這樣直接將外觀和諧之圖形所擁有的性質應用

在文字上，便可得到以上四個原則。請您之後寫字時把這四個原則放在心上。特別是第四個原則，若能隨時注意保持線與線之間的空間，就能讓你的字看起來更加工整。

當然，從「硬筆入門」之類的習字範本入門，大量練字也是一個不錯的方法，不過只要掌握上述四個原則，你也能寫出看起來很工整的字體。

文字列的傾斜錯視與視覺調整

最後一點，我們在看文字的時候並不是一字一字分開來看的。所以，只把單一個字寫得工整並不夠。舉例來說，製作活字時會將一個字視為圖形，用看起來最為和諧的方式擺在方格內。但有些時候，當我們把某些字拿出來排成一排水平文字時，會覺得這排文字看起來好像斜斜的，如圖2。這種現象稱做「**文字列傾斜錯視**」。因此，當我們將文字一一排出來時，還需注意文字列整體是否工整。

除了「文字列傾斜錯視」之外，還有一種叫做「視覺調整」的現象。當我們把「大」這個字寫得很大，大到幾乎佔滿整個格子時，看起來仍不覺得突兀。但像「國」這種外圍有一個方框框起來的字如果寫得很大，大到佔滿整個格子時，看起來就會比

圖2 唉呀呀，這些字看起來好像有點斜斜的耶

十一年十一年十一年十一年十一年十一年
十一年十一年十一年十一年十一年十一年

年一十年一十年一十年一十年一十年一十
年一十年一十年一十年一十年一十年一十

剛才的「大」字還要大。故這種有外框的字（像是國、口、圍）需寫得小一點，才能讓整段文字看起來比較和諧。

如果「把字當成一種圖形（幾何圖形）」，就可以利用數學中的「重心」、「密度」等概念，判斷一個字是否有達到平衡，並作為習字時的參考。

如何選到比較不會搖晃的座位

——哪裡的座位比較容易搖晃呢？

〔關鍵字〕模擬

問題

出差搭乘新幹線列車時，發現同一個列車內，有些座位比較會搖晃，有些座位比較不會搖晃。有沒有什麼方法可以分辨出哪些座位比較不會搖晃呢？

紙上模擬列車的搖晃情形

列車搖晃的原因很多。像是軌道的變形、列車防震動裝置的作用、連結器的結構、

圖1 判斷座位是否容易搖晃時，
「車輪的位置」是一大重點

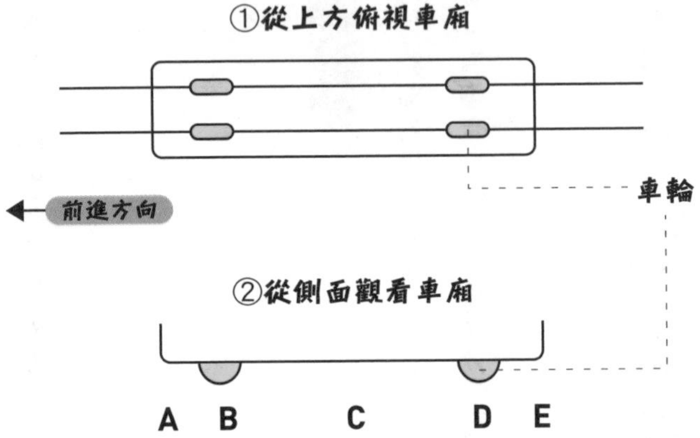

①從上方俯視車廂

車輪

前進方向

②從側面觀看車廂

A B C D E

當天當地的風速等。因此，要回答「坐在哪個座位上最不會搖晃」並不是那麼簡單的事。

不過，如果從「圖形」的角度來看這個問題的話，只要用一個理由，就可以說明哪裡的座位比較容易搖晃了。在同一個車廂中，位於中間附近的座位搖晃最少，越接近兩端的座位搖晃越大。讓我們試著用圖來解釋為什麼會這樣吧。

如圖1所示，從上方俯視時，可以將車廂看成一個狹長的長方形，四個輪子分別以黃色橢圓形來表示。車輪位置在接近車廂兩端的地方，且車廂藉由車輪在軌道上行走。假設這個車廂由右往左行駛。

用沒有寬度的線段來表示車廂，並以兩

圖2　「左轉、右轉」前進時轉彎的車廂

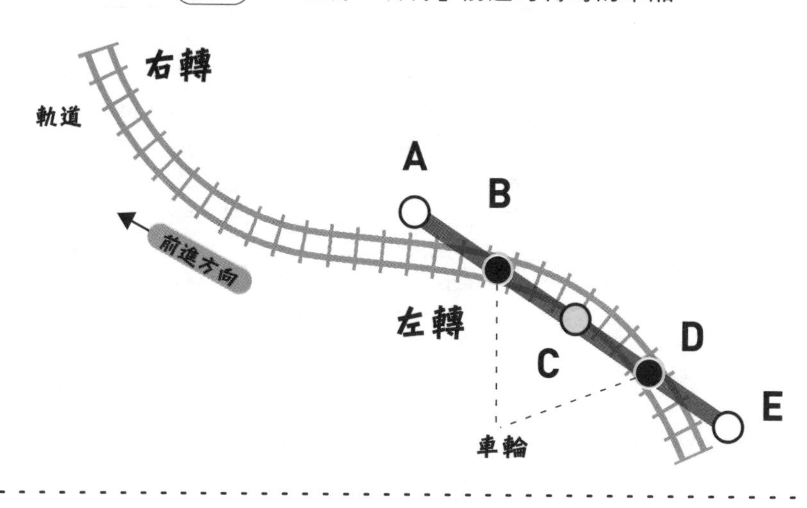

個點來表示車輪的位置，如圖2所示。省略多餘的條件，可以讓我們用更加簡潔的方式思考事物。

在車廂內取五個位置，從車廂的最前端開始，依序命名為A、B、C、D、E。A是最前端、B是前輪上方、C是正中央、D是後輪上方、E是最末端。

經過彎道時，哪個位置感受到的搖晃最大呢？

通過彎道是列車搖晃的原因之一。假設有一個車廂先通過一個往左的彎道，接著馬上又通過一個往右的彎道，如圖2所示。由圖可看出，在車廂前進時，車輪所在位置的

B和D會一直在軌道上，但車廂的其他位置則可能會超出軌道，時而偏左時而偏右。

讓我們先把焦點放在車廂的某個特定位置，並觀察當車廂通過這兩個彎道時，這個位置會怎麼運動。

先看位於車輪所在位置的點B與點D，由於這兩個點永遠會沿著軌道前進，故其軌跡與軌道完全相同。與此相較，由圖3可看出，位於車廂中間的點C在車廂通過彎道時會劃過彎道內側，和軌道相比，其軌跡搖晃的程度會比較小（如圖3的有色線段）。

另一方面，由圖4可看出，位於車廂最前端的點A在車廂通過彎道時會劃過彎道外側，其軌跡搖晃的程度會特別大。

也就是說，因為點C位於代表軌道的B與D的中間，可以平均來自B與D的搖晃，故點C的搖晃最小。而位於最前端的點A在通過彎道時會突出於軌道之外，故會放大來自B與D的搖晃。

比較圖3與圖4，可以發現以下幾點。

①轉彎時，點C的軌跡擺動得比軌道還要和緩

②轉彎時，點B、D的軌跡和軌道相同

③轉彎時，點A的軌跡擺動得比軌道還要激烈

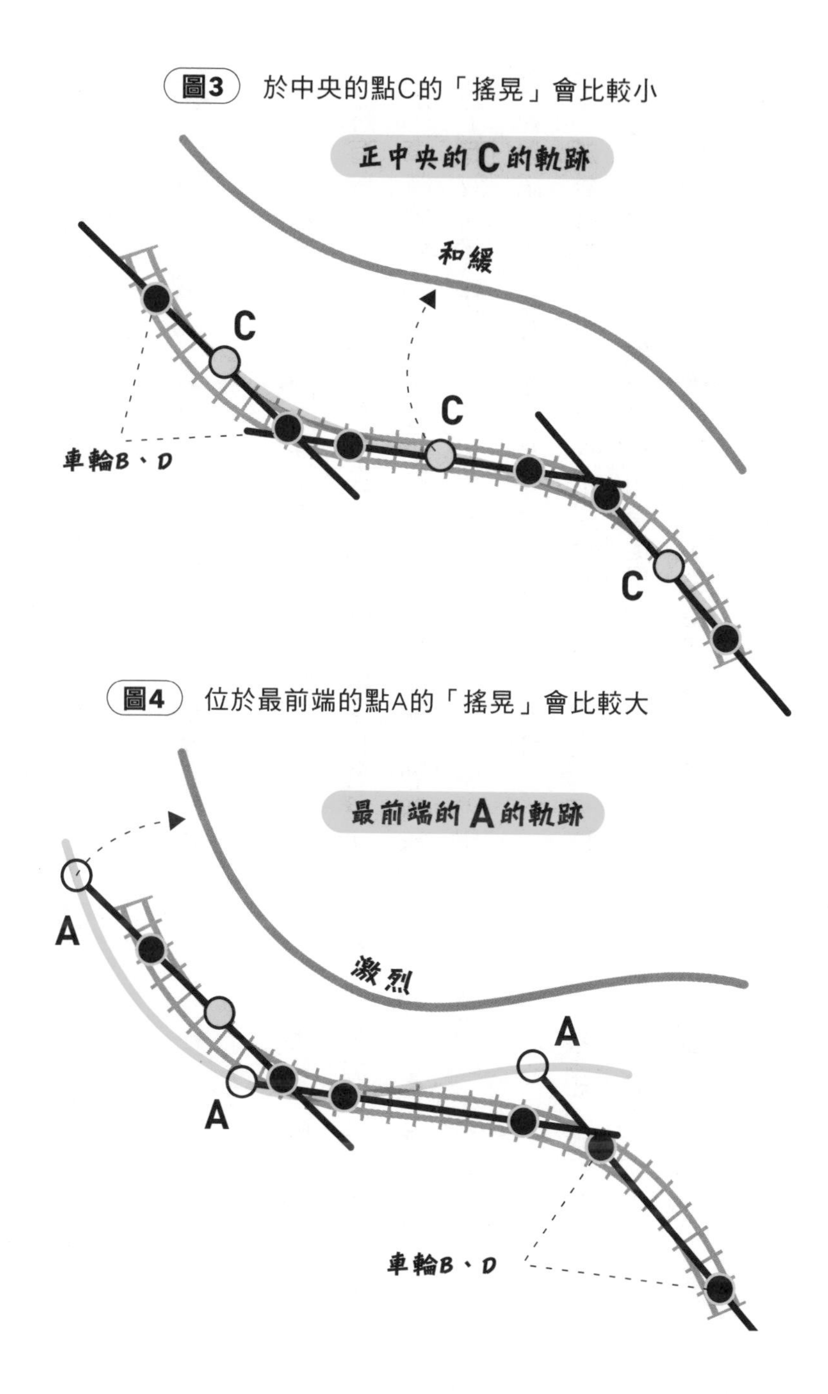
圖3　於中央的點C的「搖晃」會比較小
正中央的C的軌跡
和緩
C
C
C
車輪B、D
圖4　位於最前端的點A的「搖晃」會比較大
最前端的A的軌跡
激烈
A
A
A
車輪B、D

車廂的前後對稱，故位於最末端的點E的軌跡與點A一樣，會擺動得很激烈。軌跡擺動得越激烈，就表示搖晃的程度越大，故車廂兩端的座位搖晃最為嚴重。

聰明的商務人士會選擇坐在車廂正中央

所以說，選座位的時候不要選出入口附近的座位，而是要選車廂中央附近的座位。或許有些人會覺得「如果坐在出入口附近的座位的話，上下車會比較方便」，但只有在上下車時才能感覺到坐在這裡的好處。要是乘坐新幹線的時間長達一到兩個小時的話，為了有效利用這段時間，乘客應該要盡可能選擇中間附近的座位才對。坐公車也一樣，容易暈車的人應該要選擇車子正中央附近的位子。

新幹線整車每個對號座的價格都一樣，但是對商務人士來說，乘坐新幹線的這段時間內，能夠好好讀書，還是因為搖晃過大只能在座位上睡覺，會是很大的差別。

既然每個座位的價格都相同，就應該要選擇最有價值的座位才對。這時數學就能幫你一把。

冰箱裡的果汁變冰的過程

──描繪降溫曲線

【關鍵字】解讀圖表

問題

在派對開始前的兩個小時將果汁放入冰箱內。剛放入冰箱時，果汁的溫度是21℃。一小時後果汁的溫度下降了8℃，成為13℃。原本以為兩小時後，果汁應該會再下降8℃，成為5℃。但不曉得為什麼，兩小時後的果汁溫度卻是9℃。究竟，使果汁的溫度下降到目標溫度需花多少時間呢？東西放入冰箱後，其溫度又是如何變化的呢？

冰箱內的物品之所以會變冷，是因為物品本身的熱能逐漸散逸至周圍的空氣中。熱能散逸的速度和「該物品與冰箱內空氣的溫度差」成正比。因此，物品的降溫速度和「該物品與冰箱內空氣的溫度差」成正比。

一小時後下降了8℃，那麼兩小時後會下降16℃嗎？

假設目前冰箱內的溫度設定為5℃，那麼21℃的果汁與冰箱內空氣的溫度差就是：

21－5＝16℃

由於降溫速度與溫度差成正比，故我們可以假設一開始果汁降溫的速度是「16」。而放入冰箱一小時後，原本是21℃的果汁降溫至13℃。此時果汁與冰箱內空氣的溫度差為：

13－5＝8℃

因此，一小時後果汁降溫的速度就是「8」。由以下計算：

8÷16＝0.5

可以知道一小時後的降溫速度變為一開始的一半。故接下來的一小時溫度下降的幅

表1　「果汁與冰箱的溫度差」和「時間」的關係

時間	0	1	2	3	4	5
果汁與冰箱的溫度差	16	8	4	2	1	0.5
溫度差的比例		1/2	1/2	1/2	1/2	1/2
果汁溫度	21	13	9	7	6	5.5

度會是8℃的一半，也就是4℃。也就是說，兩小時後，果汁會從13℃再下降4℃：

13－4＝9℃

故兩小時後，果汁的溫度為9℃。

表1為時間與溫度的關係。由這張表可以看出每過一小時，果汁與冰箱的溫度差會減為一半。

我們可將其一般化：若一開始兩者的溫度差為a℃，一小時後的溫度差變為b℃，那麼每經過一個小時，溫度差會變為原來的b／a。

這個例子中，a＝16、b＝8，故每經過一個小時，溫度差會變為原來的8／16，也就是1／2。

表2 最初一小時的溫度變化為「16℃→12℃」時，之後的溫度變化

時間	0	1	2	3	4
果汁與冰箱的溫度差	16	12	9	6.75	5.06
溫度差的比例		3/4	3/4	3/4	3/4
果汁溫度	21	17	14	11.8	10.1

畫出粗略的圖，猜測答案

假設一開始放進冰箱的21℃果汁在一小時後變成17℃，那麼之後的溫度又會如何變化呢？一開始的溫度差為21－5＝16℃，一小時後的溫度差變為17－5＝12℃，故每經過一小時，溫度差減少的比例為：

12÷16＝0.75

也就是3／4。

此時，每經過一小時的溫度變化如表2所示。也就是說，每經過一小時，溫度差會變為原來的3／4。

所以說，若已知冰箱內的溫度是多少，只要再測量欲冷卻之物品一開始的溫度，以及物品冷卻一小時後的溫度，就可預測該物品降溫

圖1　用冰箱冰物品時，經過時間與溫度的關係

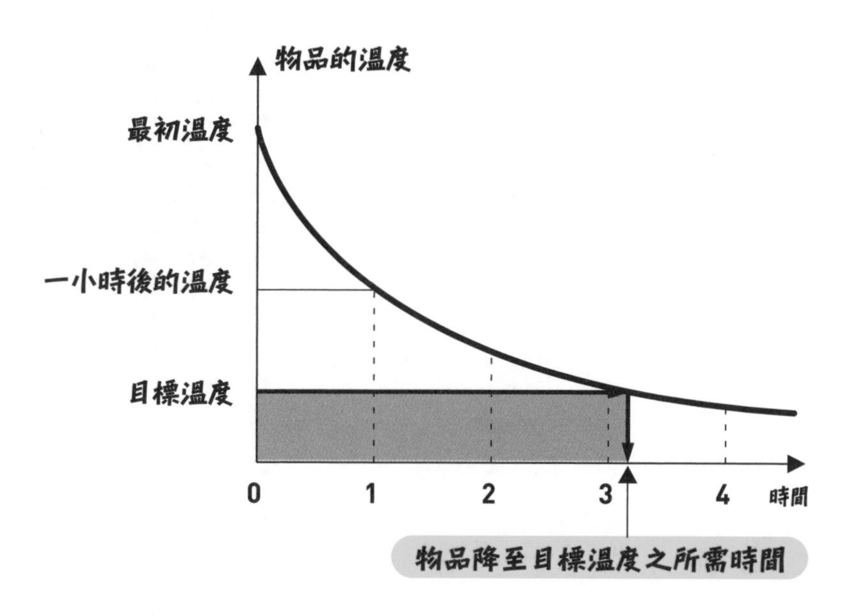

的過程。故我們可計算出物品每經過一個小時後的溫度，並將其畫成如圖1般的曲線，再藉此看出需要花多少時間才能讓物品降至目標溫度。

這種方法需先由測量到的數值畫出圖形，再藉此看出目標數值位於何處。和那些只靠計算就能得到漂亮答案的「聰明方法」不一樣，這是一種很「土氣」的方法，但也能夠找到我們想要的答案，而這也是一種數學方法。

雖然想捐錢，但捐錢後錢會變少……

——用數學來比較「效用價值」

〔關鍵字〕邊際效用

我們的周遭有許多彼此衝突的事。比方說，你很喜歡在地的風土人情，所以想要以公司的名義捐錢給在地的足球隊Y（假設你的公司是X公司）。你的心中有一半想捐出大量金錢以貢獻在地，但另一半卻因為身為中小企業的X公司可能會減少大量資金而感到困擾。想必你一定會因為要捐贈多少而猶豫不決吧。這時該怎麼決定要捐贈的金額呢？

就算你再怎麼喜歡在地的人們，也絕不能勉強自己去做做不到的事，要是捐太多導致公司倒閉的話就本末倒置了。而且比起今年捐贈大量金額，明年卻只捐一點點錢，不如長期、穩定地持續捐贈少量金額，這樣的話，想必Y球隊也會比較高興吧。

一萬日圓的價值永遠都相同嗎？

首先要注意的是「同樣的金額，其價值永遠都相同嗎？」，事實上並非如此。可能你會想反駁「不對吧，一萬日圓的價值永遠都是一萬日圓啊」，但真的是這樣嗎？

假設一個每天獲利是一萬日圓的個人商店A，某天起每日獲利增加了一萬日圓，成為兩萬日圓；另有一個每天獲利是十萬日圓的小型超市B，某天起每日獲利增加了一萬日圓，成為十一萬日圓。兩家商店的每日獲利都是增加一萬日圓，你認為哪家老闆會比較高興呢？

雖然金額都相同，然而個人商店A的利益變為原先的兩倍，小型超市的獲利卻只有增加10％。故我們可以猜到，個人商店A的「高興」程度應該比較大才對。所以說，即使同樣是增加了一萬日圓的獲利，隨著這一萬日圓對現狀之影響的不同，這一萬日圓的價值也有所差異。

將錢換成料理的話或許比較容易理解吧。假設現在這裡有一份料理。對肚子很餓的A來說，若給他這一份料理，他一定會很開心的把它吃個精光。假設此時這份料理對A來說是100分。另一方面，同樣是A，如果在他肚子很飽，再也吃不下任何東西時，把這份料理擺在他眼前的話，也只會讓他覺得困擾吧。此時，這份料理對他來說或許只有5分。

也就是說，一個東西的價值，會隨著人們已有的量而改變。若一個人只擁有少量的這種東西，會覺得這種東西的價值很高；若一個人已有很多這種東西，就不會覺得這種東西很有價值了。

以圖表示一個人擁有的金額以及與其對應的「滿足程度」

我們可用圖1來表示這種性質。橫軸表示一個人擁有的錢，縱軸則表示擁有這些錢為他帶來的滿足程度。一般而言，擁有的錢越多應該會越滿足才對，故可畫出一條往右上延伸的線條。

然而，這條線卻不會是一條直線。如圖所示，這條線一開始成長的速度很快（滿足程度增加得很快），但傾斜程度會越來越小（滿足程度增加的速度逐漸減小）。到了圖的右側，即使錢變多「滿足程度也不會增加太多」。

也就是說，同樣是一百萬日圓的收入，最初的一百萬日圓可以帶來a那麼多的滿

圖1　滿足程度增加的速度逐漸下降

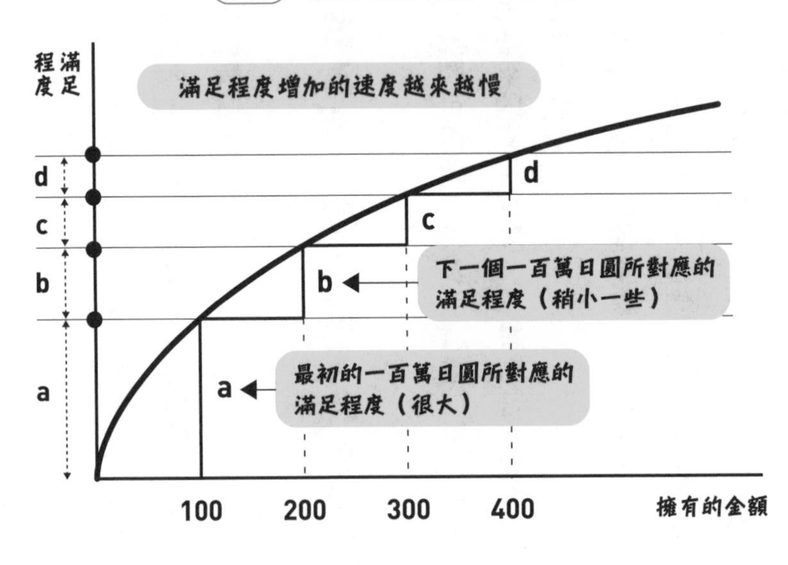

足；下一個一百萬日圓帶來的滿足程度b卻稍微小了一些；再接下來的一百萬日圓，帶來的滿足程度c又更小了；再之後的一百萬日圓，就只能帶來d那麼多的滿足程度，就是這麼回事。

即使捐相同金額的錢……

接著，讓我們試著把捐錢時的心情套用在這張圖上吧。捐錢的時候，擁有的金額會變少，我們可以用這張圖來解釋身上錢變少時所感覺到的心痛。也就是說，將「滿足程度」的減少幅度看做是「心痛程度」。比方說，擁有四百萬日圓的人捐出一百萬日圓時，心痛程度就是d；擁有三百萬日圓的人捐出一百萬日圓時，心痛程度就是c。

讓我們試著將想要捐錢的X公司套入這個模型。假設X公司每個月的獲利是四百萬日圓，且X決定要下重本，將獲利中的兩百萬日圓捐出來，也就是捐出X公司獲利的一半。如果只捐出一百萬日圓的話，滿足程度的下降幅度只有d，但如果再捐出一百萬日圓（共兩百萬日圓）的話，這一百萬日圓會使滿足程度再下降c那麼多。也就是說，滿足程度下降的總量為：

d＋c

從捐錢的角度來看，這可以說是非常有心的舉動，值得大為讚賞，但也讓人覺得似乎有些勉強。

讓我們再看一次圖1。同樣是捐出兩百萬日圓，如果不要一次就捐出兩百萬日圓，而是分兩次捐，一次捐一百萬日圓。那麼滿足程度下降的總量就是：

d＋d

也就是說，比起一口氣捐出兩百萬日圓，應該要分兩個月捐，每次捐出一百萬日圓。這樣X公司滿足度的下降幅度（對公司事業的打擊）會比較小。

邊際效用遞減法則

像這種每增加一單位的量，滿足程度會增加多少的概念，就叫做「**邊際效用**」。圖1曲線的斜率就相當於一個人的邊際效用。一般來說，一個人擁有某東西的量越多，滿足度增加的速度就越小，形成一個凹向下的曲線，就像這張圖一樣。也就是說，擁有的量越多，斜率也會越來越小。這也可以描述成：隨著擁有的量越來越多，邊際效用會越來越小。這種性質又叫做「**邊際效用遞減法則**」。

說到這裡，或許你會發現這次談到的問題中，完全沒有出現任何數值。談到數學，常讓人想到各種與數字有關的計算，但也不一定總是如此。

圖1中，隨著橫軸數字的增加，曲線傾斜的程度越來越小，這種定性性質也能透露出許多資訊。隨著每個人價值觀的不同，圖1的縱軸與橫軸刻度上的數字也會不一樣。然而，即使數字不一樣，卻都擁有相似的性質，由此可以感受到「沒有數字的數學」的威力。

第3章

數學讓你享受到興趣的不同面向

電影院和液晶電視的差異，原來震撼感是來自這裡！

——要怎麼測量「震撼感」呢？

【關鍵字】雙眼立體視覺

我很喜歡到電影院看電影。我總覺得，在電影院內用寬廣的銀幕欣賞電影時所感受到的震撼，是其他觀影方式無法取代的。不過也有人說「用DVD和家裡的液晶電視看電影也差不多吧。現在的電視畫面也很大，靠近一點看的話應該也能感受到震撼感才對」。

但對我來說，不管怎麼看，電影院的大銀幕與電視螢幕的震撼感還是有很大的差距。如果我能將「震撼感」這個看似虛無飄渺的概念轉換成數字的話，想必也能說服那些覺得看DVD和看電影差不多的人吧。那麼，該如何找出足以證明兩者震撼感有差異

圖1　螢幕寬度與觀影距離

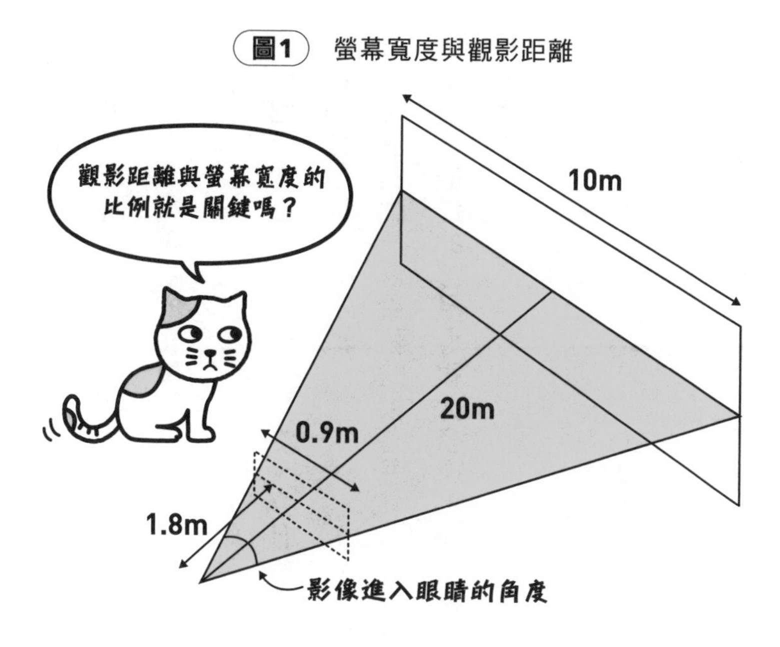

的「證據」呢？

用數字來表示「震撼感」

首先，這裡的「震撼感」究竟是指什麼呢？我認為震撼感並不單單由畫面大小決定，也要考慮到「雙眼與被觀看之事物間的關係」才行。

如圖1的實線所示，電影院內的觀眾會坐在距離螢幕20公尺的地方，觀看寬度為10公尺的螢幕。此時螢幕寬度與觀影距離的比為：

10m÷20m＝0.5

這個比越大，就表示有角度更廣的影像進入眼簾。廣闊的草原之所以看起來會那麼廣闊，是因為我們感受到了無邊無際的空間，且一直往外延伸，使我們不知不覺中陷入了這個世界中。想必DVD派的也可以體會到這點吧。

另一方面，家庭用的40型（40吋）寬螢幕電視的寬度又是多少呢？假設一吋是2.5公分，那麼電視的寬度應該是：

40×2.5＝100cm

但實際上只有90公分左右。為什麼不是100公分，而是90公分呢？看來有必要在這裡稍作說明。

當我們說一台電視的螢幕是40吋時，指的不是螢幕的寬，而是螢幕的對角線。如圖2所示，最近的液晶電視大多是「橫：縱＝16：9」，故橫寬為16吋的螢幕，其對角線長就是：

$$x = \sqrt{16^2 + 9^2} = \sqrt{337} \fallingdotseq 18.36$$

假設對角線長為40吋（1吋約為2.5公分）的螢幕，其寬度為y，由螢幕比例可得知：

40×2.5：y＝18.36：16

圖2　計算40吋電視的螢幕寬度

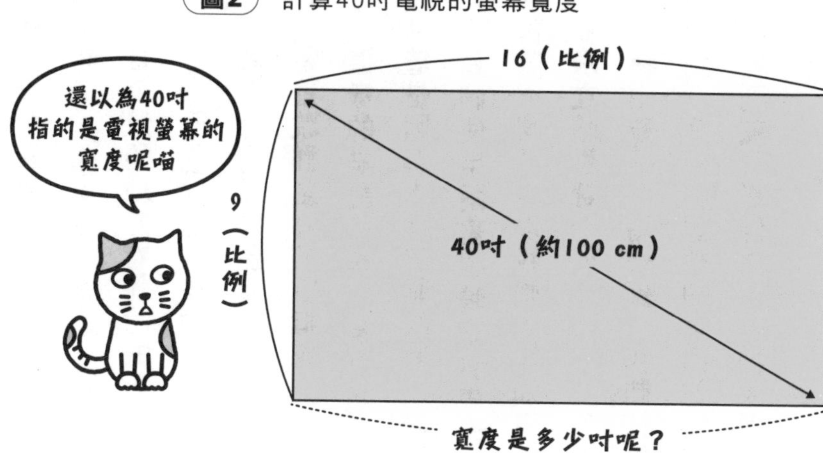

由此可知，螢幕橫寬為87公分，也可以說約為90公分。

「雙眼立體視覺」可以讓我們感覺到深度

若將這個橫寬90公分的螢幕放在3公尺的地方觀賞，那麼螢幕寬度與觀影距離就是：

0.9m÷3m＝0.3

在電影院觀影時，這個比例是0．5。與其相比，用電視觀看時只剩下60％。因此看電視時，影像進入眼睛的角度會比看電影時還要小很多。這個角度的差異，應可視為「震撼感的差異」。

不過，只要在看電視的時候，試著縮短與

電視之間的距離（雖然對眼睛不好），就可以提升這個角度，使其和在電影院觀影時的角度相同。事實上，如圖1的虛線所示，如果我們距離螢幕不是3公尺，而是在只有1．8公尺的地方看40吋的大螢幕電視的話，螢幕寬度與觀影距離的比例就會變成：

0.9m÷1.8m＝0.5

和在電影院觀影時的比例相同。但就算我們看電視時靠得那麼近，仍「沒辦法感覺到在電影院觀影時的震撼感」。

這樣的結論很讓人意外吧。為什麼明明是相同的比例，卻感覺不到相同的震撼感呢？這是因為人類的眼睛有所謂的雙眼立體視覺。

我們使用兩隻眼睛來看東西。由於兩眼看同一個東西時，右眼看的角度和左眼看的角度不同，所以我們可以知道這個東西離我們的距離有多遠。這種眼睛的功能，就是「**雙眼立體視覺**」。

藉由雙眼立體視覺，我們就算沒有特別去測量，也曉得電視畫面距離我們多遠，並明白到「電視影像裡的東西並沒有深度」。也就是說，雙眼立體視覺反而讓我們沒有辦法感受到電視影像內，各種東西和我們的距離。這使得我們沒辦法讓感官融入影像內。

「7公尺的差異」決定了電影與電視的不同

或許你會想，這樣的話「在電影院看電影時不是也一樣嗎」。事實上，若距離超過7公尺的話，雙眼立體視覺的功能就會消失。因為超過這個距離之後，右眼和左眼所看到畫面就相差無幾了。所以在看電影的大銀幕時，便不容易察覺到自己與銀幕之間的距離，更容易融入影像中……。這就是為什麼電影院的影像特別有震撼感，使人特別容易融入影像中。

另外，看電視的時候，有兩種方法可以讓你的雙眼立體視覺失效。第一個方法是距離7公尺以上看電視，但一般人的家庭可能沒有那麼大的空間，再說，從那麼遠的地方看40吋的電視只會覺得螢幕很小，更不用說是震撼感了。

另一種方法是不要用兩隻眼睛看。事實上，用單眼看電視的話，確實可以增加立體感。就算不用3D電視或專用眼鏡，只用一隻眼睛看電視，也能夠享受到有臨場感的立體視覺。

但是，在0．9公尺那麼近的距離下，用一隻眼睛持續觀看電視2～3小時，雖然可以享受到液晶電視的「震撼感」，但眼睛毫無疑問地會很疲勞，所以還是不要這麼做比較好。

如何由照片判斷攝影位置

——作圖求解

〔關鍵字〕作圖計算

問題

喜歡火車的兒子前陣子成功拍到了火車奔馳中的照片，十分有氣勢。但是當他把這張照片當作暑假的自由研究報告交給學校後，卻被懷疑拍攝這張照片時，是否有進入危險區域。兒子說他拍這張照片的時候，並沒有踏入禁止進入區域。我相信我兒子沒有說謊，有沒有其他客觀的方法可以洗清他的嫌疑呢？

只要擁有照片內物體的某些資訊，我們就可以分辨出照片是在禁止進入區域拍攝，還是利用變焦鏡頭，讓照片看起來像是站在很近的地方拍攝的。

若使用相機的變焦功能（望遠鏡頭），就算站在很遠的地方拍攝，照片內的物體看起來就像是近在眼前一樣。所以有些人會以為用變焦功能放大影像的攝影作品「和在很近的距離下拍攝物體所得到的攝影作品相同」，這其實是個很大的誤會。

利用變焦功能放大照片，與靠近被攝物體後所拍攝出來的照片完全不同。所以職業攝影師才會為了拍一張好照片而盡可能往前踏出一步。首先讓我們來確認這一點吧。

如圖1所示，當攝影師站在①的地方，用相機捕捉眼前的景象時，會發現腳踏車被牆壁擋住了一部分。若要從這個地方拍照，不管怎麼調整相機的變焦功能，想要放大腳踏車，也只是把整張圖放大而已，腳踏車還是會被牆壁擋住。

另一方面，如果靠近腳踏車一些，站在圖1的②拍照，原本被牆壁擋住一部分的腳踏車，這時應該就會露出全貌。

也就是說，使用變焦功能，以及直接靠近被攝物體，這兩種方法都可以放大照片內的物體，但兩者看東西的角度完全不同。所以說，照片內應可找到「證據」，證明攝影師拍下這張照片時是站在哪個位置。

圖1　「變焦攝影」以及「靠近物體攝影」兩種方法的差別

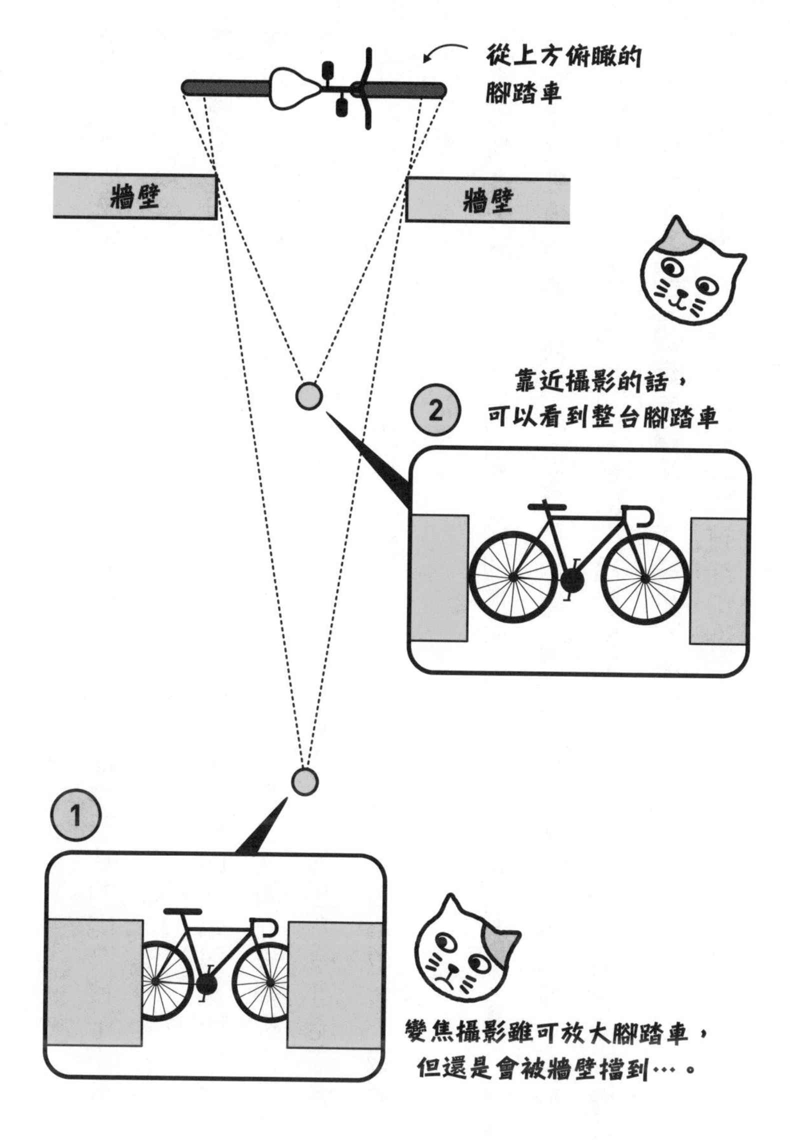

注意顯著的地標！

那麼，該怎麼做，才能知道攝影師是站在那裡拍出這張照片的呢？接下來就讓我們來思考這個問題。

假設圖2是拍出來的照片。如圖所示，列車的第一節車廂的左端與遠方的大樹A在同一條縱線上；而第三節車廂的右端與另一個遠方的大樹B也在同一條縱線上。並假設我們知道樹A與樹B在地圖上的位置（或許有些人會想說，地圖上怎麼可能會標記每棵樹的位置。這樣說是沒錯，但我們也可以改用有標記在地圖上的山頂位置，或者是大型建築物的位置）。

先查出列車大小，接著在地圖上分別標出列車、樹A、樹B的位置，如圖3所示。由於光是直線前進，故攝影位置應在樹A與列車第一節車廂最左端的連線上，在P.108的圖3中以虛線表示。同樣的，攝影位置也應在樹B與列車第三節車廂最右端的連線上。因此，我們可以確定這兩條直線的交點P就是攝影位置。

然而這個例子中，我們攝影的是一直在前進的列車，或許有些人會想到「我們不可能知道我們拍下照片的那一瞬間，列車在地圖上的哪個位置」。確實如此。以上說明只

圖2　我們可以由這張照片找出攝影位置嗎？

是為了讓各位更容易了解這個原理，故假設我們已知「拍攝瞬間的列車位置」。其實，我們也可以不要用列車，改用其它替代物當做地標。

以圖2中的C、D為例，這兩個點可能是地樁或岩石之類的地標，假設照片中這兩個點分別與樹A、樹B在同一條縱線上。這樣的話，我們就不需要列車車廂的左端位置或右端位置之類的資訊了。只要延長A與C的連線以及B與D的連線，這兩條直線的交點P就是我們想求的攝影位置。

也就是說，就算不知道列車在拍攝瞬間位於哪個位置也沒關係。只要在靜止的背景中，找到兩組分別位於同一條縱線的

圖3 由A～D的位置推論攝影位置

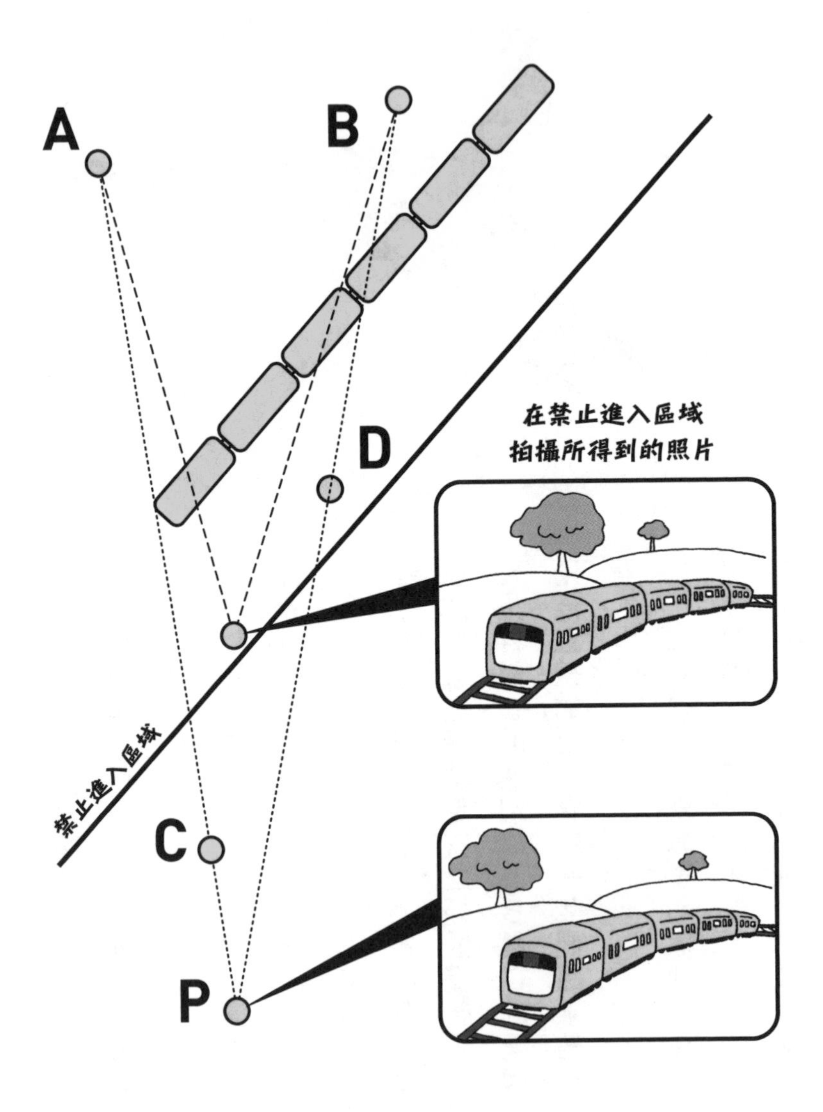

地標，再於地圖上標出這些地標的位置，並以直線連接起來，就可以知道攝影位置在哪裡了。

這個方法完全不需要計算，只要會作圖就可以求出答案了。或者也可以說作圖也是一種很厲害的計算，又稱作「**作圖計算**」。

在凹凸不平的雪面上滑行的訣竅

──「前進十上下」兩種運動

〔關鍵字〕用向量思考

前陣子，一位朋友和他們公司的同事一起去滑雪。回來後他跑來問我「貓跳滑雪（Mogul Skiing）的坡道上有很多凸起，總覺得一直很難滑得好。有沒有什麼訣竅呢？」

雖然他這麼問，然而滑雪畢竟是項運動，若想滑得好，大概也不脫「多練習就習慣了」這個原則吧。但我覺得應該也不是完全沒辦法才對，於是我試著思考了一下。

有凸起的地方為什麼很難滑呢？

滑雪時，如果是在平滑的坡道上滑，就算是初學者應該也能滑得很順吧。不過，如果是在中高難度、有許多凹凸不平的坡道上滑的話，有些人在滑上凸起的雪堆時就會失去平衡，很難滑得漂亮。

有兩種方式可以幫助你漂亮地滑過貓跳滑雪的坡道，不會動不動就摔倒。第一種就是不要滑到凸起的雪堆上，也就是「滑行時避開凸起的雪堆」。如果可以繞過雪堆，只在雪堆與雪堆間的凹陷處滑行，應該連初學者都能順利通過吧。

但若想辦到這點，就必須在滑雪時能更隨心所欲地控制方向，這可是很高級的滑雪技術，對初學者來說實在太過困難。如果不是滑雪高手的話，就算一開始能順利繞過眼前的雪堆，之後也很難繞過坡道上的其它雪堆。

再來是第二種方法。滑行時若滑到雪堆上，要盡可能「保持平衡」。乍看之下這種方法好像比較困難，但因為對初學者來說，要避開雪堆是件很困難的事，所以讓初學者練習如何滑上雪堆又不致失去平衡，反而是條捷徑。

如圖1所示，滑上雪堆時之所以會失去平衡，是因為身體往上抬升的關係。滑雪時，身體應該要「往前移動」才對，但在滑經有雪堆的地方時，除了往前移動之外，還會加上「垂直移動」。

圖1 要是沒有彎下膝蓋的話……

適度彎曲膝蓋，以對應「上下移動」

前進中的電車在改變軌道的時候會橫向移動，使乘客也跟著「前進＋左右搖動」。當乘客同時在兩個方向上運動的時候，就會失去平衡。滑過凸起雪堆時也是如此。

為了避免這種情況，在滑上雪堆時，應盡可能「不要改變身體的高度」。當然，要讓身體高度完全沒有變化是很困難的，但應試著努力做到這點。也就是說，前進時要盡可能讓身體重心不要上下搖晃。要做到這點，必須適度彎曲膝蓋調整身體高度。

教練通常會教「滑雪時不要伸直膝蓋，而

圖2　適度調整膝蓋彎曲角度，以吸收身體的「上下移動」

是要時常保持膝蓋彎曲」，因為在碰上凹凸不停的雪堆時，可以隨時調整膝蓋彎曲的程度，以垂直改變身體的重心。

如圖2所示，滑上雪堆時，應該要把膝蓋彎至最大，而在滑到雪堆與雪堆間的凹陷處時，則應該要伸直膝蓋，使身體在經過凹凸不停的雪堆時，重心的垂直運動較為緩和。

所以說，滑過凹凸不平的地方時之所以容易跌倒，或者覺得很難滑，是因為身體不只朝著前進方向運動，「身體重心也會在垂直方向上運動」。因此，若藉由膝蓋屈伸的角度來調整重心高度，便可降低身體重心上下運動的幅度。這也是滑好貓跳滑雪的訣竅。若能理解到這點，就不會覺得貓跳滑雪很難，而且還能夠享受到這種滑雪的樂趣。

運用向量的概念，可以讓你滑得更好

運動同時包含了「速度」與「方向」這兩種性質。若運動的方向固定的話，即使速度很快，要保持身體平衡仍不困難。但如果再加上「其它方向」的話，就不容易保持身體平衡了。

滑雪通過凹凸不平的坡道時，身體就會多了「其它方向」上的運動。為了降低身體失去平衡的可能性，故需以「彎曲膝蓋角度」的方式調整。

一個「運動」同時包含了「大小（速度）」與「方向」，這種量又稱作「**向量**」。

我們平常只會注意到大小（這裡指的是速度），卻容易忽略同樣重要的方向。

教孩子怎麼盪鞦韆

——解析職人技藝，將其化為「數理語言」

〔關鍵字〕單擺運動

滑好貓跳滑雪的訣竅、游泳時游得更快的訣竅，這些都可以靠自己親身學習。但如果想要教孩子這些運動竅門的話，就需要「教學的訣竅」了。比方說，假設你的孩子在玩盪鞦韆時總是盪不高，那麼你該怎麼教他呢？「先這樣扭一下，然後再用腳推一下……」如果對孩子這樣說明，大概只有說的人知道是什麼意思，聽的孩子卻完全聽不懂是怎麼回事吧。明明是自己很熟悉的動作，卻怎麼樣也沒辦法傳達給孩子們。現在就讓我們來想想看該怎麼教孩子盪鞦韆吧。

教孩子盪鞦韆時，最簡單易懂的教法，就是告訴他們「什麼時候要站起來，什麼時候要蹲下」。

如圖1所示，盪鞦韆與單擺十分相似。在繩子的一端掛著重物，另一端則固定在頂

圖1 將盪鞦韆簡化

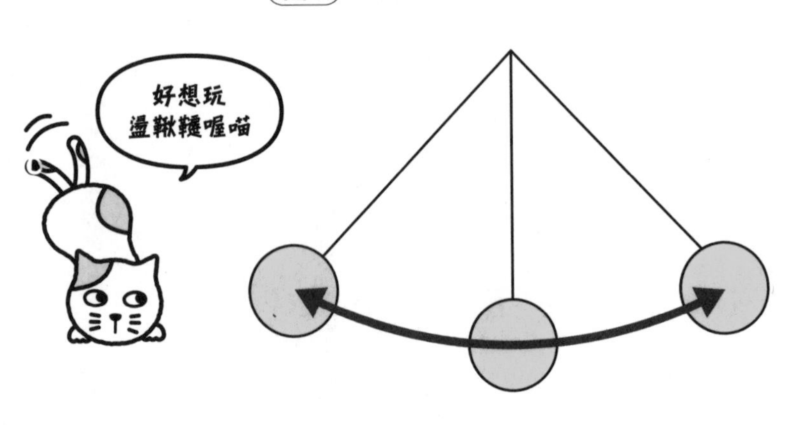

端，使重物以頂端為圓心，來回擺盪呈一條弧線，這就是單擺。這樣的運動是一種週期性運動。單擺的繩子就相當於鞦韆，重物則相當於人。

孩子坐上鞦韆後，家長會在孩子背後推第一把，接著就像圖1的單擺一樣開始來回擺動。不過，要是坐在鞦韆上一動也不動的話，鞦韆就會逐漸慢下來，最後停止擺動。這是因為空氣阻力以及繩子頂端摩擦力的作用，會使得動能逐漸變小的關係。

所以說，為了不讓鞦韆的擺盪停下來，身體也必須有某些動作才行。

圖2　固定繩的一端，使重物旋轉

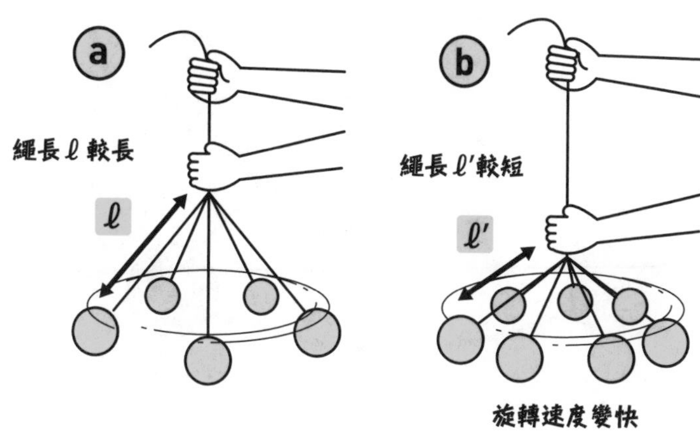

鞦韆的長度是重點

在思考身體該怎麼動作之前，先試著想想看如果改變繩長的話會發生什麼事吧。如圖2所示，想像我們在繩子的一端掛上重物，並使重物在一個水平面上旋轉。假設旋轉中心與重物之間的繩長原本是圖ⓐ的ℓ，之後縮短成圖ⓑ的ℓ'。這麼一來，重物的旋轉速度會變快。這就是讓盪鞦韆的技術變得更好的提示。

讓我們回到盪鞦韆的話題吧。如圖3所示，考慮單擺的重物從最高點的A開始，往右擺過去再擺回來。若繩長沒有改變的話，便如圖3的實線所示，重物會經過最低點的B，再繼續往右擺動，抵達比左端初始位置稍低的C時，再開始往左擺回。假設一開始位於左邊的

圖3 在通過最低點（B）的時候，使繩長變短

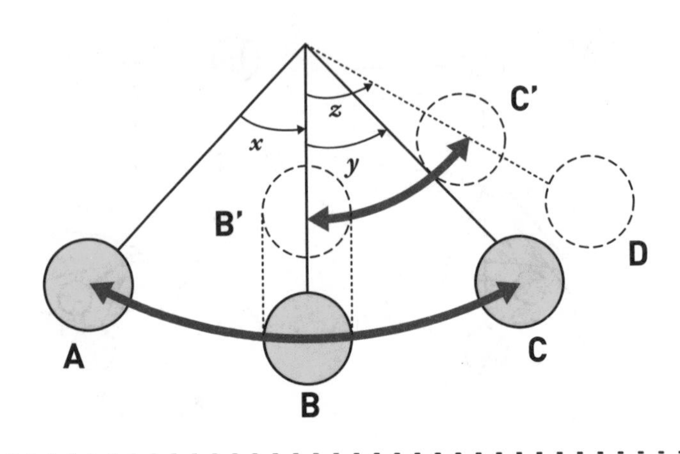

繩子與垂直線的夾角為 x 度，那麼重物擺到最右端時，繩子與垂直線的夾角就會是略小於 x 度的 y 度。

如果我們在重物通過最低點的瞬間縮短繩長的話，會發生什麼事呢？這樣的話，重物的位置就會從B跑到B'，運動速度也會變快。因此，如圖3的虛線所示，重物會往右擺動至C'點，此時繩子與垂直線的夾角會是比 y 度略大的 z 度。

重物的位置可以想成是玩盪鞦韆的人的重心位置。盪鞦韆時，若人突然站起，重心就會上升；突然蹲下時，重心就會下降。也就是說：

突然站起　↓　單擺的繩子變短
突然蹲下　↓　單擺的繩子變長

這表示如果在鞦韆通過最低點時，原本坐在鞦韆上的人突然站起的話，鞦韆就可以盪得更高。就像圖3中的點C'一樣。

當人的重心到達C'時再次蹲下，就相當於圖3中的單擺繩子再度拉長，使重心從C'移到D。

所以說，如果一直保持蹲著的姿勢盪鞦韆的話，就只能盪到C的高度。但如果「中間站起來，再蹲下」的話，就可以盪到D的高度。

那麼，如果要盡可能讓D的位置更高的話，身體該怎麼動作呢？以下是最有效率的做法：

重物往低處運動時　↓　盡可能拉長繩長
重物往高處運動時　↓　盡可能縮短繩長

也就是說，「當重物經過最低點時」站起來，是最有效的方法。

將職人技藝的訣竅轉換成「語言」

總而言之，在鞦韆往下的時候保持蹲著的姿勢，而在鞦韆離地面最近的時候站起來——這就是盪高鞦韆最有效的方法。

我們玩盪鞦韆的時候會時而蹲下時而站起。多次練習後，我們會在無形中明白到要在鞦韆最接近地面的時候站起，才能盪得更高。事實上，這正是最恰當的站起時機，請您一定要試著和小孩子說明這點。

當我們想要把沒有理論，只靠經驗累積起來的技能，或是只能用身體來記憶的訣竅傳承給下一代時，往往沒那麼容易。所謂的「職人技藝」大都屬於這類技能，而日本也有許多從很久以前流傳至今的傳統工藝，皆屬於這類職人技藝。這類技能很難用言語說明，只能在累積某種程度的經驗之後，用自己的身體記住這些訣竅。所以要培養繼承者變成了一件很難辦到的事。

我認為，若希望傳統技藝不要消失，能夠好好地傳至後代，就應該要試著用「數理語言」來描述這些被認為是「職人技藝」的技能才對。

打棒球時利用力學跑壘

──「直線跑比較快」這個規則並不適用

〔關鍵字〕速度與離心力

一個人的能力再強，要是把這個能力用錯方向的話，就發揮不出該有的效果。棒球的跑壘就是一個簡單的例子。由於棒球的跑壘相當獨特，就算一個人的直線50公尺跑得很快，也不代表他能把直線衝刺的技巧直接應用在跑壘上。那麼，跑壘該怎麼跑才跑得快呢？

如何在改變方向的同時保持速度

在棒球比賽中，與直線50公尺跑壘類似的只有從本壘跑到一壘的情況。當打者打出內野滾地球時，可以筆直地往一壘衝刺，就算跑超過一壘也沒關係，故此時能否上壘，純粹取決於打者的跑速。

不過，當打者打出二壘安打，或從一個壘包跑到下個壘包時，情況就不一樣了。主要差異有以下兩點。

①藉由盜壘前進到下一個壘包時，必須停在欲抵達之壘包上。要是跑過頭、離壘的話就會被觸殺。

②打出二壘安打以上的長打時，打者在踩過一壘壘包或二壘壘包時，需要改變跑壘方向，故跑壘方式與從本壘跑到一壘時（一股腦地往前衝刺）完全不同。

①的情況中，跑者若想盜上二壘，需剛剛好停在二壘上。故即使途中加速到最快速度，最後還是要靠滑壘停下來。因此盜壘時不只要看跑速，滑壘技巧也很重要。

②的情況則是棒球跑壘時的一大重點。在通過一個壘包，往下一個壘包前進時，必須改變跑壘的方向，這時就會耗費多餘的力氣。舉例來說，當公車或電車轉彎時，乘坐車輛的人就會有被某種力量甩向外側的感覺，跑壘者在轉換方向時也會被同樣的力影響。

衝刺速度和離心力之間有什麼關係呢？

一般來說，某物體沿著圓周運動時，會有一個假想中的力想將這個物體拉向圓的外側，這種假想中的力又叫做「**離心力**」。

棒球選手經過一壘跑向二壘，或者經過二壘跑向三壘時需要改變方向，而改變方向需要花費多餘的力量，以抵銷這種離心力，不然身體就會失去平衡。如果想要急轉彎的話，就必須降低跑速；如果轉彎時想維持速度的話，就不能轉得太急，而是要在轉彎時拉出一個較大的弧度。

那麼，衝刺速度與離心力之間有什麼樣的關係呢？請看以下的說明。

如圖1的實線所示，設半徑為r、圓心角為a的圓弧長為b。若跑者在某個很短的時間間隔內，在這個圓弧上跑了b的距離，那麼前進方向的角度就會改變a度。

再來，若將半徑變為一半，同角度下的弧長也會變成b的一半，如黃色線段所示。由於跑者在同樣的時間間隔內，以同樣的速度可以跑b的距離，故在半徑變為一半時，跑者理應可以跑過兩倍圓心角的圓弧長。這麼一來，跑者的跑動距離一樣是b，而跑動

圖1　即使跑的距離相同，如果「半徑」只有一半的話，離心力也會變成2倍

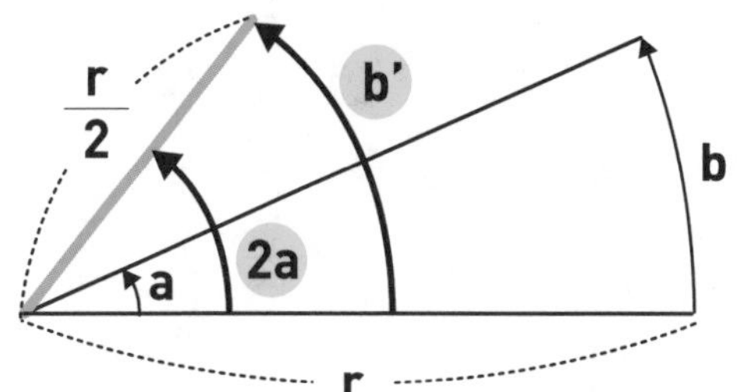

方向則改變了兩倍的角度

改變角度＝2×a

也就是說，若跑者在半徑為一半的圓弧上用同樣的速度跑動，那麼單位時間內跑動方向角度的改變會是原來的兩倍，離心力也會變成兩倍。

假設跑壘轉彎時沒有降低速度，而是用很快的速度過彎，這個選手就會因為離心力而往外傾倒。如果想在跑壘時保持平衡，就一定要在降速或者是加大旋轉半徑這兩種做

法中二選一才行。

事實上，優秀的棒球選手會巧妙地同時運用這兩種跑壘方法，在快要跑到壘包時稍微繞到外側，同時降低速度，使跑壘的軌跡呈現一條弧線，這樣才能在通過壘包時繼續往下一個壘包前進，且速度不會下降太多。

所以說，如果跑得快的人想在打棒球時發揮出自己的跑步能力，就不能一味地往前衝，而是要學習減速的方法以及轉彎的方法，才能在跑壘時維持一定的速度。

我們之前有提到，物體運動的速度可以用「**向量**」來表示，向量不只包含速度的數值，還包含了速度的方向。若想理解向量所表示的意義，就不能只看數值大小，也要考慮到方向的變化才行。

第4章

這種情況下，要怎麼利用**數學解決**問題呢？

3個箱子中，哪個箱子會中大獎呢？

——狀況不同時，機率還會一樣嗎？

【關鍵字】蒙提霍爾問題

問題

3個箱子中，只有1個箱子內有獎品，另外2個箱子沒有獎品。當我選擇其中一個箱子之後，店員會從剩下的2個箱子中，選一個沒有獎品的箱子打開給我看，接著告訴我「現在你還可以變更選擇的箱子喔」。曾玩過這個遊戲的人之間流傳著「這時候改選另1個箱子的話會比較容易中獎喔」這樣的說法。請試著思考，當玩家改變選擇的箱子時，會不會提高中獎機率。

A　B　C

一開始時，眼前有3個箱子，且沒有其它資訊告訴我們哪個比較容易中獎。故不管選哪個箱子，中獎的機率應該都一樣，都是1／3。

假設你現在選了最左邊的箱子。如圖2所示，此時這個箱子中獎的機率都是1／3，沒中獎的機率都是2／3。換言之，獎品在另外兩個箱子的機率是2／3。

圖1　沒有任何資訊的情況下，任一箱子內有獎品的機率都是1／3

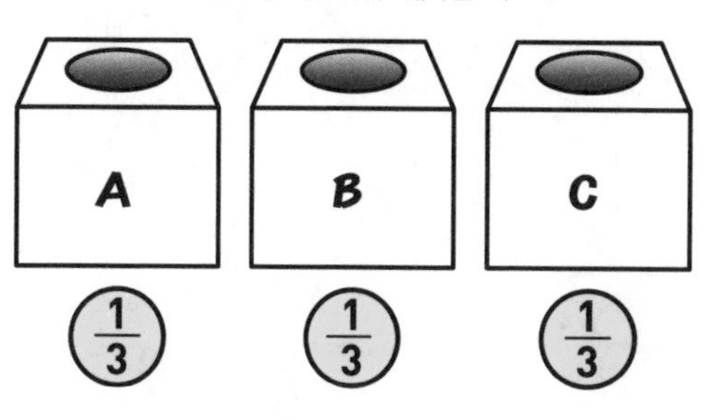

圖2　假設我們選了最左邊的A箱。A中獎的機率是1／3，沒中獎的機率是2／3

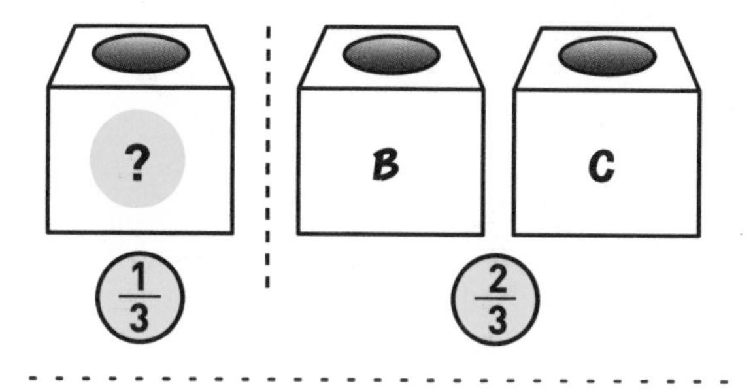

接著，店員打開了最右邊的箱子。當然，裡面沒有獎品。

這時，獎品在圖2縱向虛線右方的2個箱子內的機率仍沒有改變，還是2／3。所以說，獎品在正中間未打開之箱子內的機率就是2／3（圖3）。

於是，最左邊的箱子內有獎品的機率為1／3，而

圖1 如果知道C「沒獎品」的話，改選另一個箱子會比較有機會中獎嗎？

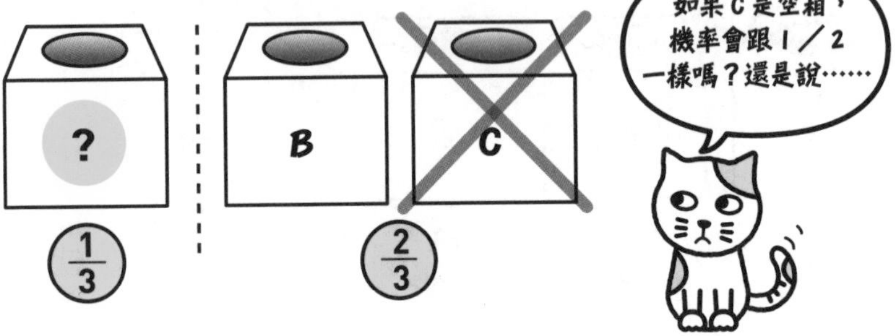

?　B　C

1/3　2/3

如果C是空箱，
機率會跟1／2
一樣嗎？還是說……

正中間的箱子內有獎品的機率是2／3。若變更所選的箱子，抽到獎品的機率會變成2倍。因此，你應該要改變所選擇的箱子才對。

演變成大論戰的蒙提霍爾問題

機率數值表示發生未知事件的可能性。擁有的資訊越多，發生某未知事件的可能性也會改變。若能冷靜下來計算機率的變化，便能確實增加自己的優勢。本節的問題就是一個很好的例子。

而這個問題一般稱做「**蒙提霍爾問題**」，已有許多人研究過。這個問題源自於美國的益智問答節目，該節目的主持人蒙提・霍爾將獎品放在3扇門中的1扇門後面。

當初許多人認為「不管有沒有改選另一個箱子，中獎機率都一樣」。一位名為瑪麗蓮．沃斯．莎凡特（Marilyn vos Savant）的女性在她的雜誌專欄「Ask Marilyn」中寫道「改選另一個箱子得到獎品的機率，是不改選的2倍」。但相較於此，許多數學家卻認為「不管有沒有改選另一個箱子，中獎機率都一樣是1／2」，進而演變成一場大論戰。

真的計算不出正確的海岸線長度嗎？

——神奇的是，看得越細，算出來的長度越長

〔關鍵字〕碎形幾何學

若問一位益智問答愛好者「日本的國土面積有多大？」他應該能馬上回答出「37萬8000平方公里」。不過如果接著問他「那日本的海岸線有多長呢？」的話，他大概會回答「其實，我好像從來沒看過海岸線的資料耶」。當然，不知道答案並不是因為這位益智問答愛好者看的資料不夠多。

可能會有其他益智問答愛好者會說「我曾經在某些資料上看到，日本的海岸線為2萬9571公里，是世界第6長，不過旁邊有註解寫說『隨著測量方式的不同，量到的長度也不一樣』。所以這是測量技術的問題嗎？」事實上，我們並不是因為測量技術不夠成熟而量不到準確的海岸線長，也不是因為有很多島、人手不夠才量不到準確的海岸線長。

海岸線是碎形

或許你很難相信，但事實上，國土的周長（特別是海岸線）原本就不是一個確定的數字。究竟為什麼會這樣呢？

請看上面的圖，這是假想中日本海岸線的一部分。你有辦法從圖中推測出這張地圖大致上的比例尺嗎？應該是沒辦法吧。可能是很常見的1／500000的地圖，也可能是1／25000的地圖。也就是說不定其實是1／5000的地圖。也就是說，不管地圖放得多大，海岸線的形狀看起來都一樣崎嶇不平。我們把有這種性質的圖形稱做「**碎形**」。海岸線就是一個典型的碎形例子。

假設這張地圖是1／25000的地圖，那麼只要測量這個地圖，就能得到海岸線長度了。但這樣測得的海岸線長度並不正確。這是因為，如果我們把地圖放大到1／5000，圖中的海岸線會變得更為複雜，更多彎來彎去的地方。如果把這些彎來彎去的地方再算進去，得到的海岸線長度會更長。

也就是說，測量海岸線長度時，並不是看得越細，量到的海岸線就越正確；而是看得越細，量到的海岸線就越長。因此不管把地圖放得多大，都沒辦法確定海岸線的長度。這就是海岸線的性質。

由簡單的圖形製作碎形

我們知道一個邊長為a公尺的正方形，其周長為：

4×a公尺

但是，只有人類自己畫出來的圖形能簡單算出周長是多少。像海岸線這種自然界的圖形非常複雜，測量這種圖形的周長時，量得越詳細，得到的周長數值就越大。

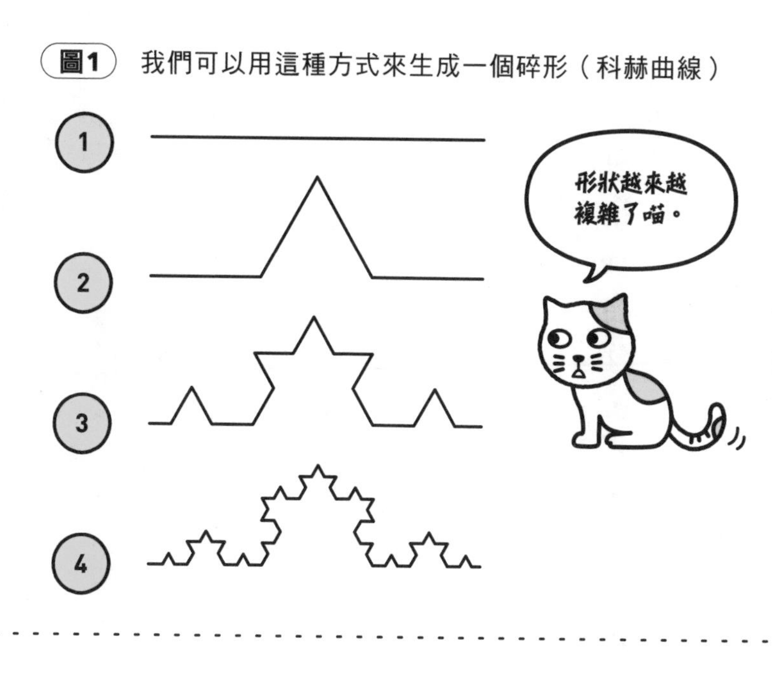

讓我們用一個簡單的碎形例子來確認這件事吧。圖1是著名的碎形「**科赫曲線**」的生成過程。如圖中的①所示，這種圖形從一條線段開始。將①的線段分成三等分，再以正中間的部分為一邊，做一個正三角形，然後把中間的部分拿掉，只留下正三角形的另外兩個邊，就可得到圖中的②。

同樣的，將圖中的②的所有線段都分成三等分，取其中間部分做為一邊，分別做成一個正三角形，然後拿掉中間部分，只留下正三角形的另外2個邊，就可得到圖中的③。依此類推。

假設圖1的①的線段長度為a公尺。由於圖1的②是由四個線段組成，且每個線段長度等於圖1的①之線段長度的三分之一，故圖1的②的總線段長度為：

$a\times4/3$ m

再經過一次同樣操作後，可得到圖1的③，而其總線段長度為：

$a\times4/3\times4/3$ m

同樣的，圖1的④的總線段長度為：

$a\times4/3\times4/3\times4/3$ m

由此可知，若我們持續重複同樣的操作，那麼科赫曲線會越來越大。

當我們把地圖的比例尺放得越大，使海岸線的曲折更為詳細時，就像是把這個科赫曲線變得更加詳細一樣。圖形越詳細，地圖上的海岸線或科赫曲線就會毫無止盡地越來越長，因此沒有人能夠確定日本的海岸線到底有多長。

人工圖形與自然圖形完全是不同的東西

人們畫出來的正方形與圓形等圖形，和存在於自然界中的海岸線等圖形，其複雜度完全不同。我們可以很快地計算出正方形和圓型這類簡單圖形的「周長」是多少，但存在於自然界的圖形的周長通常沒那麼容易算出來。

當我們想要試著理解周圍的現象時，常會碰到這些複雜的圖形。於是「**碎形理論**」與「**混沌理論**」等新的數學領域便應運而生。而科赫曲線，就是碎形這種擁有複雜性質的圖形中最有名的曲線。

如果有八個選擇的話，怎麼用骰子決定要選哪一個？

——骰兩次就可以了

【關鍵字】非六面骰

問題

欲從六個選項中選出一個，且這六個選項被選到的機率需相等時，可以用骰子來幫我們選擇。那麼，當選項不是六個的時候，該怎麼修正選擇的方法呢？有一次，我需要從八個選項中選出一個，由於不能使用骰子，所以我找了八張卡片，以抽籤的方式代替，比骰子麻煩多了。

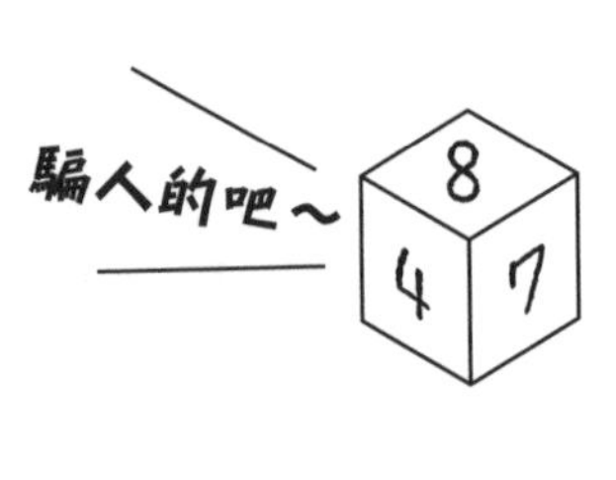

圖1　當選項有八個時，該怎麼用骰子抽選呢？

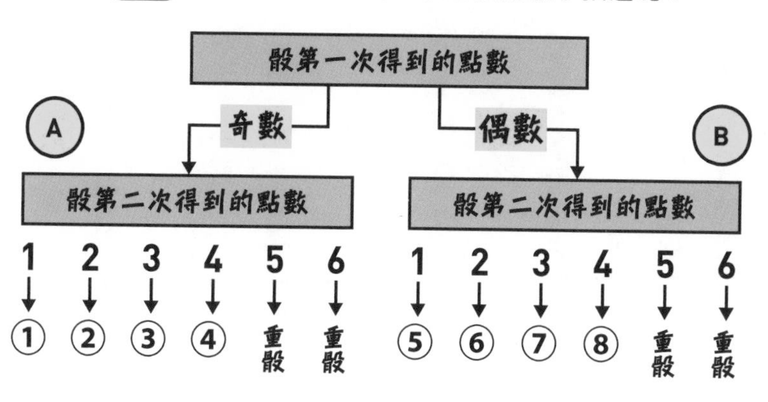

骰兩次骰子就好

從結論說起，如圖1所示，若想從八個選項中選出一個的話，只要「骰兩次」骰子就行了。

首先，讓我們用①～⑧來表示這八個選項。接著將這八個選項分成兩組，①～④是Ⓐ組，⑤～⑧是Ⓑ組。這一步驟中，Ⓐ組與Ⓑ組所包含的選項數目需相等，這點很重要。

我們會用骰第一次骰子的結果來決定要選哪個組別，而選到兩個組別的機率亦需相等。舉例來說，我們可以規定骰出奇數點的話就選擇Ⓐ組、骰出偶數點的話就選擇Ⓑ組。假設我們第一次骰出了奇數點，故選到Ⓐ組。接著再骰第二次，如果骰到1～4點，就選擇①～④的選項；如果骰到5或6點的話，就無視這次擲骰結果，重新骰一次骰子（一直到骰出1～4點為止）。

而如果第一次擲骰時骰出偶數，就會選到Ⓑ組。此時，第二次擲骰結果的1～4點分別對應選項⑤、⑥、⑦、⑧。如果骰到5或6點的話，就無視這次擲骰結果，重新骰一次骰子（一直到骰出1～4點為止）。

這種方法可以讓我們從①～⑧的選項中選出一個選項，且各選項被選到的機率皆相等。

如果選項有九個，或者有七個的話該怎麼辦呢？

那麼，當選項有九個時候又該怎麼辦呢？如圖二所示，此時仍只要擲骰兩次就可以做出選擇了。首先，將選項分為三組，①、②、③在A組；④、⑤、⑥在B組；⑦、⑧、⑨在C組。這裡也一樣，Ⓐ～Ⓒ這三組所包含的選項數目需相等。當第一次骰出1或2點就選擇Ⓐ組；3或4點就選擇Ⓑ組；5或6點就選擇Ⓒ組。

而骰第二次得到的點數，則分別對應到各組別的三個選項，兩種點數對應到一個選

圖2　選項有九個的時候該怎麼辦呢？

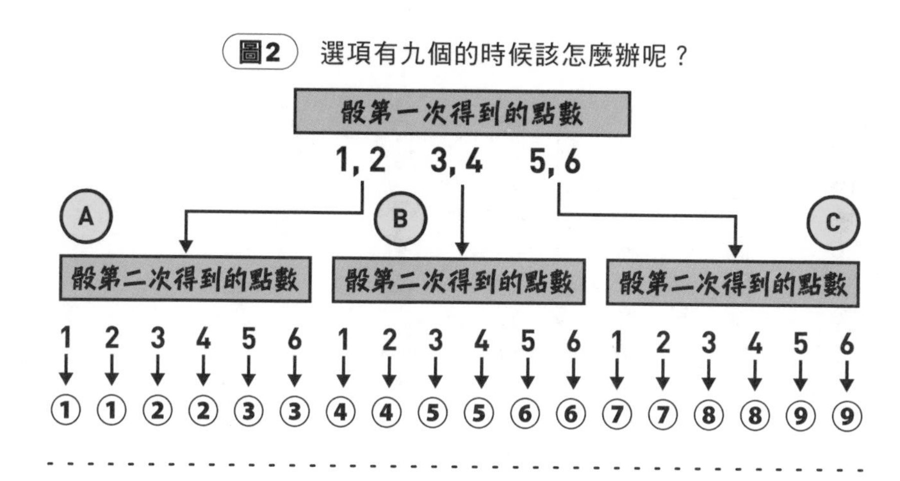

項，如圖2所示。在這個例子中，由於各組內的選項種類為3，剛好是6的因數，所以不管骰到多少都有對應的選項，骰一次就能決定要選哪個，不會有需要重骰的情況發生。

舉例來說，假設第一次骰到4點，選擇Ⓑ組，第二次骰到3點，就可確定結果是選項⑤。

那麼，當選項有七個時又是如何呢？在回答這個問題之前，讓我們先確認一下當選項為五個以下時該怎麼做。假設現在選項有n個，而n是一個2以上、5以下的數字。此時骰一次骰子，若點數在n以下的話，就直接選擇以該點數為編號的選項；若骰出的點數比n還大時，就無視這次擲骰，再重新骰一次。

不過，如果n是6的因數，便可以將所有可能骰出的點數平均分配給每個選項。舉例來說，n＝

2時，可以令骰出奇數時為選項①、骰出偶數時為選項②；n＝3時，可以令骰出1或2點時為選項①、骰出3或4點時為選項②、骰出5或6點時為選項③，這樣就不用重新擲骰了。

由此可知，當選項數比可能骰出的點數種類還要少時，我們仍有辦法讓每個選項被選到的機率相等。

不管選項有幾個都可以用骰子決定

請先回想一下前面的圖1，也就是有八種可能選項的狀況。圖1的方法可以讓我們從八個選項中隨機選出一個，且每個選項被選到的機率相同，這就像是拿到了一個有八面的骰子一樣。而這種骰子也可以用在只有七個選項的情況，只要在骰到8時重骰一次就可以了。也就是說，我們只要將圖1的過程視為骰一個八面骰，而在骰出1～7點時，骰到幾點就選那個選項，而在骰到8時就無視這次擲骰，從圖1的第一次擲骰重來一遍。

將這個概念推廣，便可以了解到，不管選項有幾個，都可以用一個隨處可見的六面骰來決定要選哪個選項，且選到每個選項的機率都相同。因此，我們沒有必要特地花時間將卡片做成籤來抽選。

當選項數目大於6時，我們也可以用骰子從這些選項中選出一個，且每個選項被選到的機率相同。過程中最重要的是，將選項分組時，「每組的選項數需相同」。令每個組的選項數目相同，才能讓每個選項被抽到的機會相同。

挑戰計算形狀複雜的水池面積！

——從較大的數與較小的數兩面逼近

【關鍵字】阿基米德的逼近法

問題

我在A町的町公所內工作。A町的郊外有一個很大的池塘。這二十年間，從周圍流入池塘的泥沙讓池塘變得越來越小了。我想拿現在的地圖與二十年前的地圖比較，看看池塘到底縮小了多少，但池塘的形狀實在過於複雜而難以計算。有沒有什麼方法能夠簡單計算出這個池塘的面積呢？

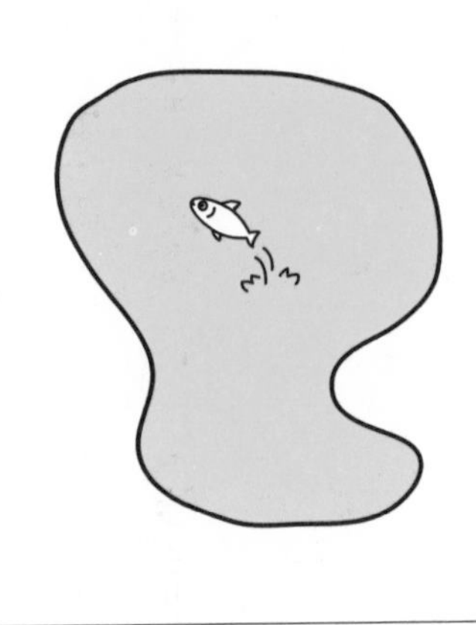

提到面積，一般人應該會想到「長×寬」這個公式。在經過土地重劃的區域內，土地大都是長方形，計算面積時很方便。但像池塘這種自然產物不是長方形也不是圓形，要計算它的面積就沒那麼容易了。那麼該怎麼計算才好呢？

「正確數值在這個範圍內」的方法

求複雜圖形的面積時，有一種很有效的方法，就是從「較大的面積」與「較小的面積」兩邊逐漸逼近正確的面積。

邊長為1公尺的正方形，其面積為1㎡。而邊長為a公尺的正方形，其面積為a×a㎡。理論上，我們應可藉由計算一個圖形「相當於幾個正方形」，測量出這個圖形的面積才對。

如P.147圖1的Ⓐ所示，將半透明的方格紙蓋在地圖上。這個方格紙的正方形邊長，相當於地圖上的16公尺。故一個正方形的面積是16×16=256㎡。

圖中方格可分為以下三種。

①完全在池塘內的正方形（灰色）

②部分在池塘內的正方形（黃色）

③完全不在池塘內的正方形（白色）

而圖Ⓐ中有2個灰色正方形，面積為256×2＝512㎡，故池塘面積至少會大於這個數字。

接著，灰色與黃色的正方形加起來有15個，面積為256×15＝3840㎡，故池塘面積最多不會超過這個數字。

由此可知，池塘面積的可能範圍是：

512㎡≦池塘面積≦3840㎡

不過這個範圍過大，沒什麼意義，需要進一步縮小範圍才行。

接著將圖1的Ⓐ中每一個正方形從縱向、橫向各切一半，形成四個正方形，如圖1的Ⓑ所示。這麼一來，正方形的邊長便由16公尺變為一半的8公尺，其面積為8×8＝64㎡。

這時，完全在池塘內的正方形有20個，即圖1的Ⓑ中的灰色部分，其面積為64×20＝1280㎡。而有一部分在池塘內的正方形（包括完全在池塘內的正方形，即圖1的中的灰色和黃色部分）共有50個，總面積為64×50＝3200㎡。

圖1　將方格紙疊在池塘上

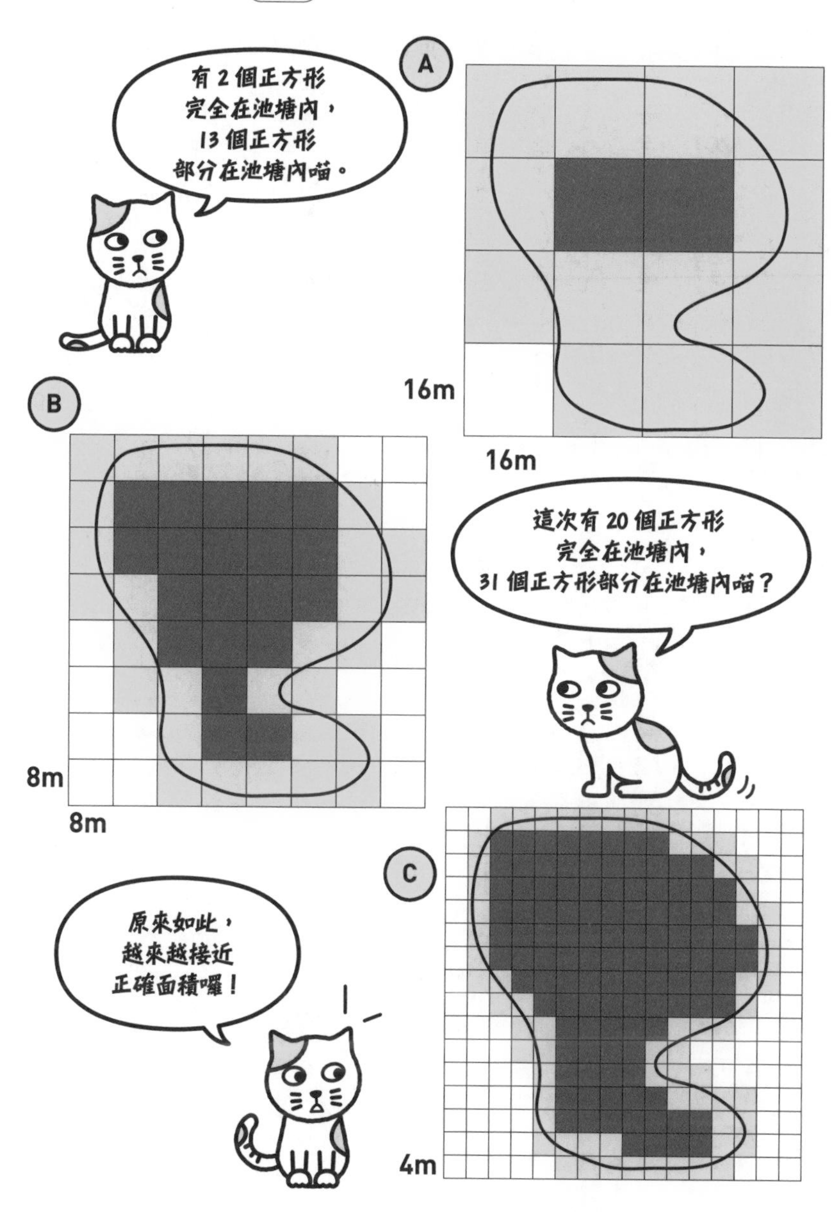

因此，池塘面積的可能範圍便縮小至：

$1280m^2 \leqq$ 池塘面積 $\leqq 3200m^2$

若將Ⓑ的正方再切成四個小正方形，如圖1的Ⓒ所示，就可以從灰色正方形與黃色正方形的數目，求出更加正確的池塘面積。

阿基米德的夾擠法

阿基米德就是用這種方法計算出圓周率到小數點以下第二位，也就是「3．14」。阿基米德先計算直徑為1的圓內接正六邊形的周長，以及外接正六邊形的周長，得到：

3＜圓周長＜3.464……

接著將內接、外接的正六邊形一步步改為正十二邊形、正二十四邊形、正四十八邊形、正九十六邊形，逐漸縮小圓周長的範圍，最後終於得到了以下範圍。

3.1408＜圓周長＜3.1428……

於是阿基米德便知道「至少小數點以下兩位的數字3．14是正確的」。這段求算圓周率的歷史，與本節「計算池塘面積」用的是相同的概念。

圖2　利用正六邊形從內外夾擠出圓周長

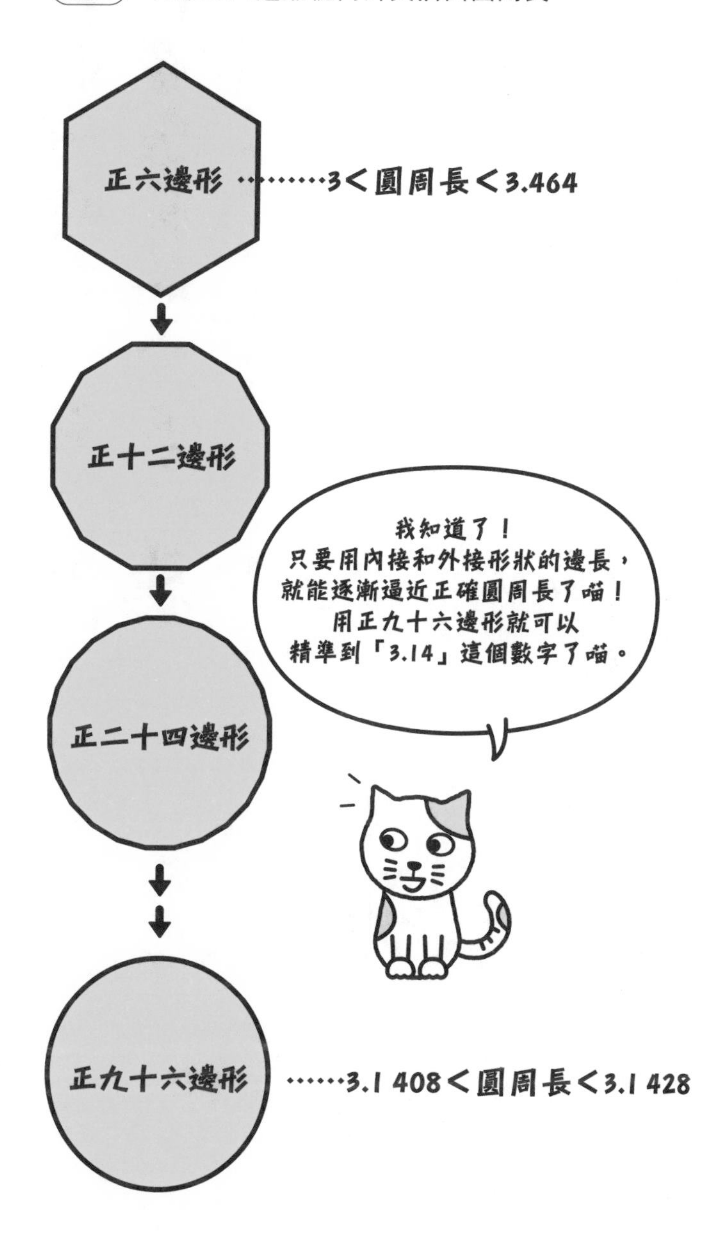

證明一件事「做不到」也是數學的一大用途

——證明並非自己的能力不足

【關鍵字】最大公因數的效果

問題

在露營場地做某道料理時，需要量味醂50ml（毫升）、牛奶160ml，手邊卻沒有量杯。不過旁邊剛好有280ml和500ml的寶特瓶，我是可以用這兩個寶特瓶量出160ml的體積，但怎麼樣也量不出50ml的體積。請問有沒有什麼方法可以量出50ml的體積呢？

該如何量出160㎖的體積呢？

用容器量容量時，只能得到「加法、減法」後的答案。

讓我們試著想想看，用280㎖和500㎖這兩個容器可以得到哪些不同的容量吧。首先，將兩個容器倒滿液體，如下：

280＋500＝780㎖

可以得到780㎖的容量。也就是說，用加法可以得到780㎖。

再來是減法。將500㎖容器倒滿液體，再將500㎖容器內的液體倒到280㎖的容器內，那麼剩下的液體量如下：

500－280＝220㎖

由此可得到220㎖的容量。

接著將這220㎖的液體倒入280㎖容器內，容器剩下的空間應為60㎖。再來將500㎖容器注滿液體，然後將其倒向剩下60㎖空間的容器內，這時500㎖容器會剩下：

500－60＝440mℓ

即剩下440mℓ。

將280mℓ容器清空，然後將剛才得到的440mℓ液體倒入280mℓ容器內，剩下的液體就是160mℓ，即：

440－280＝160mℓ

於是，我們成功量出題目說的160mℓ容量了。過程那麼複雜，你居然還量得出來，實在太厲害了。

只有最大公因數的整數倍才量得出來

如同你前面看到的步驟，可以用280mℓ和500mℓ的容器量出來的體積，僅限於可以用這兩個容量「加加減減」之後得到的數字而已。反過來說，這兩個數字加加減減後得到的任何正數，都可以用這兩個容器量出來。

那麼，究竟有哪些數可以由280和500的容器，經過一連串加法和減法後計算出來呢？當然，我們可以用嘗試錯誤法「一個個試試看」，但如果某個容量怎麼量也量

圖1 量出160mℓ的步驟

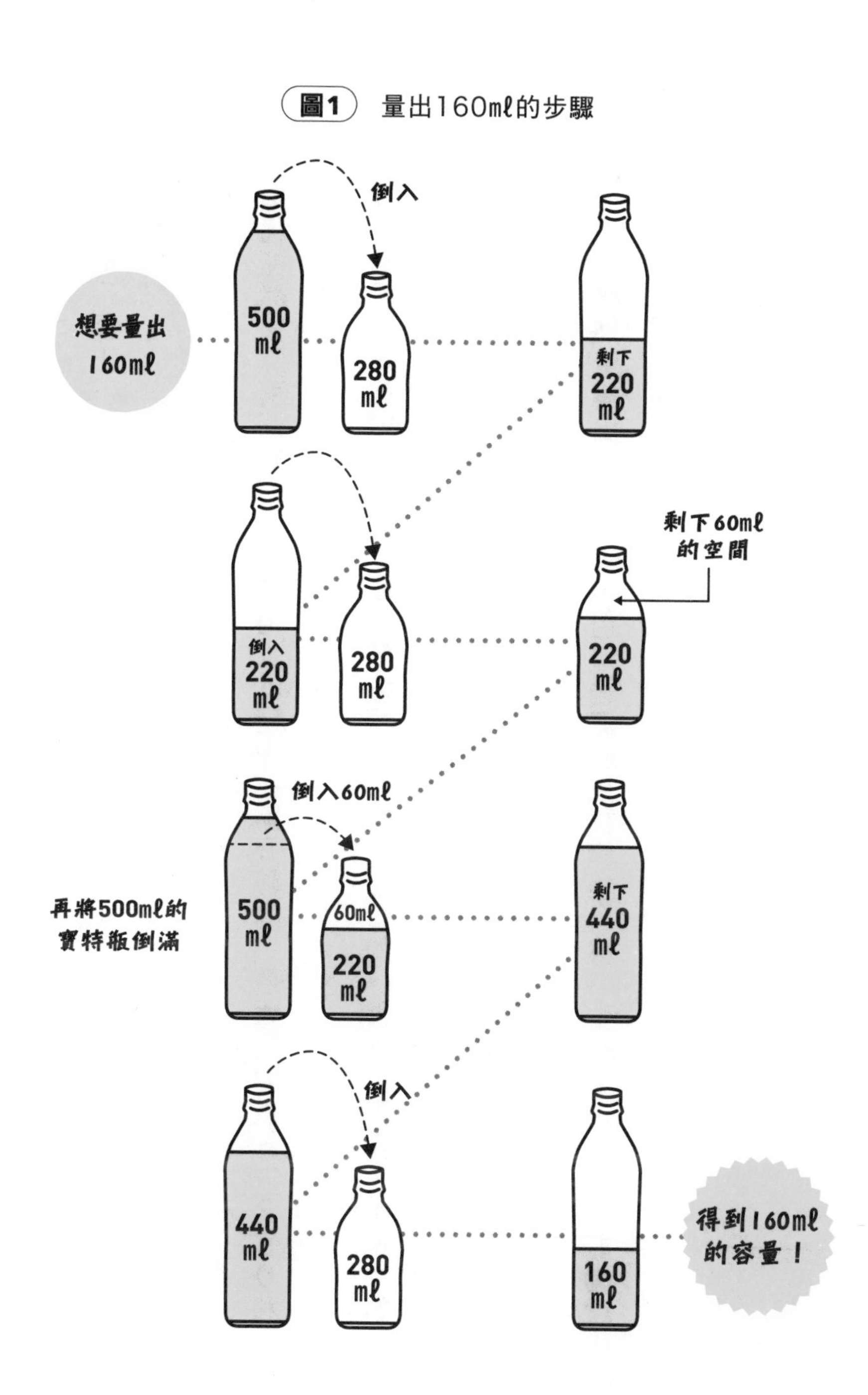

不出來的話，嘗試錯誤也只是在浪費時間而已。

哪些容量量得出來，哪些容量量不出來——若想知道這點，只要求出能夠整除這兩個數的最大數值就可以了。這個數是多少呢？先說答案，是20。280和500都可以被20整除，但卻沒辦法被任何比20還要大的數整除。

像這種能夠整除兩個數的最大數值，就稱做這兩個數的「**最大公因數**」。280和500的最大公因數是20。

可以用兩個容器量出來的量，僅限於這兩個容器之容量的「最大公因數（本例中為20）的整數倍」。因此，可以用280ml和500ml的容器量出來的容量，僅限於20的整數倍。也就是說，這兩個容器只能量出以下容量。

20、40、60、80、100、120、……

所以說，雖然量得出160ml，但無論怎麼嘗試錯誤，都「量不出」50ml。能夠證明這點，可見數學的厲害之處。

證明自己「做不到」，有意義嗎？

前面我們證明了用這兩個容器「量不出50㎖」。或許有些人會覺得，就算證明了「我們量不出某個容量」好像也沒什麼意義。這就完全不對了。證明我們做不到某些事，是一件非常有意義的事。

第一，可以避免有些人抱著「搞不好還是做得到」的心態，浪費時間在沒有意義的嘗試錯誤上。第二，可以避免那些做不到的人以為是自己能力不足，而產生自卑感。因此，證明「做不到某件事」，是一件很重要的事。

所以說，數學不只能夠直接解開問題得到答案，有些時候還能夠用「證明問題沒有答案」的方式來解決問題。這也是數學一個很大的功用。

漫無目的的問卷調查可以得到什麼結論呢？

——尋找兩項目間的關聯

〔關鍵字〕資料探勘

常有企業來找我討論問題，其中最讓我覺得難以處理的問題就是「我們試著做了問卷，調查顧客對本公司商品的喜好，這些資料要怎麼統整起來呢？」一開始他們在設計問卷的時候，就沒有一個明確的主題，直到蒐集完問卷資料後才來問「該怎麼統整資料呢？」這樣會讓其他人覺得困擾吧。這時候，該怎麼解決這個問題呢？

假設我們得到的問卷結果如圖1所示，讓我們試著想想看，有沒有什麼好方法，可以讓我們從這些資料中獲得有用的資訊吧。

首先要做的，自然是計算喜歡及討厭每一種商品的人數分別是多少。再來要調查的

表1　商品好壞的問卷結果

顧客編號	商品A	商品B
001	○	×
002	×	○
003	○	○
004	○	○
005	○	×
006	×	○
007	○	×
⋮	⋮	

（○喜歡；×討厭）

只問了這些
就要分析嗎？
真難辦啊喵。

就是兩種商品的關係。如次頁圖1所示，假設：

喜歡商品A的有a人

喜歡商品B的有b人

喜歡商品A也喜歡商品B的有c人

那麼（a＋b－c）就是只喜歡商品A或B兩者之一的人。設想一數P，其中

$P=c\div(a+b-c)$

分母為只喜歡商品A或B兩者之一的人，分子c為喜歡商品A也喜歡商品B的人。

如果所有人「兩個都喜歡」的話，那麼a＝b＝c，故：

$P=c\div(c+c-c)=c\div c=1$

如果完全沒有人同時喜歡兩個的話，

圖1　c為兩者重疊部分

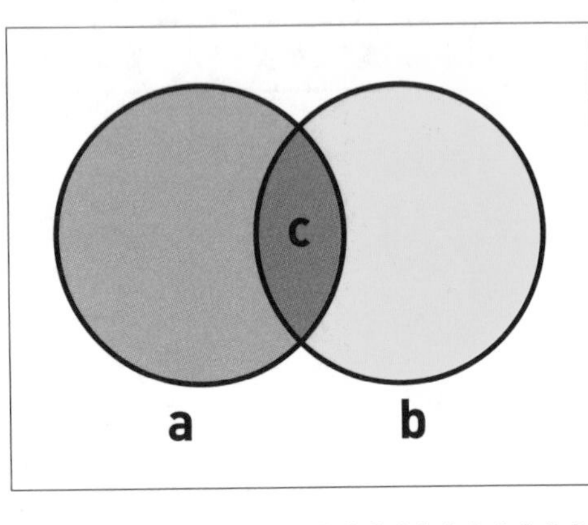

那麼$c=0$，故：

$$P=c\div(a+b-c)=0\div(a+b)=0$$

一般來說，P會介於0～1之間。如果「喜歡商品A的人也喜歡商品B」的傾向很強的話，P就會比較接近1，如果「喜歡其中一種商品，卻不喜歡另一種商品」的傾向很強的話，P就會接近0。如果對商品A的偏好與對商品B的偏好沒有特別的關係，那麼P就會是一個接近0．5的值。因此，我們可以透過P值的計算，看出兩個商品之間「有什麼關係」。

由商品間的關係看出顧客的行動

以上是研究商品間有什麼關係的方法，我們也可以用同樣的方法研究顧客之間的關係。假設我們對顧客i與顧客j這兩人進行問卷調查，詢問他們對r種商品的偏好。

調查結果顯示，「兩人都喜歡」的商品有s個，「兩人都討厭」的商品有t個，令Q為

Q＝（s＋t）÷r

如果兩個人的偏好完全一致的話，Q就會是1；如果偏好完全相反的話，Q就會是0。一般來說，Q會在0～1之間，兩人的偏好越接近時，Q就越接近1。

我們可藉由問卷調查得到兩種商品在顧客取向上的相關性，以及兩位顧客對商品之偏好的相關性。如果我們從調查結果中得知，喜歡商品A的人傾向於討厭商品B，喜歡商品B的人傾向於討厭商品A的話，就知道把這兩項商品放在一起宣傳並不是什麼明智之舉。

不知不覺中蒐集到的大數據

有些機構明明沒有在做問卷調查，卻在人們不知不覺中慢慢蒐集著資料……我們的周遭有許多這樣的案例。舉例來說，超市的收銀台就會在結帳時，自動記錄每一位客人「買了些什麼」，而且這些資料非常龐大。

這樣的資料又被稱做「**大數據**」。而嘗試用某些統計方法從這些大數據中挖掘出某

些有用資訊的過程，就叫做「資料探勘」。探勘（mining）指的是往地下挖掘，嘗試找到貴重的寶物。往地下挖掘時需要探勘裝置與挖掘裝置，而資料探勘時，需要的就是名為「數學」的知識了。

第5章

有效運用「幾何力」解決問題

為什麼人們常會弄錯方向呢？

——不管是白天還是晚上，都能確定「南方」在哪裡的方法

〔關鍵字〕大腦的誤解

或許是受到電視節目的影響，最近越來越多人會在街上散步的同時觀察周圍的「地形」，並享受其中的樂趣。特別是在老街或城下町等地方散步，已成為了很受歡迎的活動。

在老街上散步固然是件很風雅的事，不過城下町的路常刻意做得沒那麼直，行人稍有疏忽，很可能就會弄錯前進的方向。講得極端一點，有時候還會發生明明想往南邊走，卻不知為何走到北邊去這種不可思議的事。有沒有什麼方法能讓人在第一次到達某個地方時不會迷路呢？

大腦容易產生的兩種誤會

事實上，就算不是路痴，偶爾也會發生「明明想往南邊走，卻走到北邊……」這種事。這是因為我們的大腦會先入為主地認為「道路＝直線」、「十字路口＝直角」。特別是在不熟的地方，或者走在第一次走的路上時，我們的大腦會有以下成見。

成見①：路一定是直直的一條。
成見②：十字路口一定是由兩條垂直的直線道路組成。

當我們一路逛過賣著各種商品的小店時，常會忽視道路的實際形狀。這時我們會無意間帶著上述兩個成見，漫步於從未到訪過的街道上。

如P.165的圖1所示，假設我們想要從出發點開始，沿著箭頭的方向前進。也就是說，從出發點開始往北邊走，通過一開始的十字路口A時左轉往西，通過第二個十字路口B時右轉往北，通過下一個十字路口C時左轉再往西，通過再下一個十字路口D時右轉，這時應該會朝著北方才對。

假設實際上的道路如圖2所示，道路不一定是直線，可能會彎曲；十字路口也不一定是由兩條互相垂直的直線道路組成。

明明是想往南走，卻走到「北邊」？

從圖2的出發點開始往北邊前進，只要碰到十字路口，便與圖1一樣往左或往右轉彎。通過十字路口A時左轉，此時前進方向會變為西北，但在剛才提到的「成見②」的影響下，我們會以為自己「轉向西邊」。

接著在十字路口B右轉，此時前進方向會變為東邊，但在成見②的影響下，我們會誤以為自己轉向北邊。接著在十字路口C左轉，前進方向變為北邊，同樣的，在成見②的影響下，我們會誤以為自己「轉向西邊」。從C到D的路是彎的，故前進方向會從北邊逐漸變成東邊，但在「成見①」的影響下，我們會誤以為自己「朝著西邊前進」。

接著在十字路口D右轉時，我們會誤以為自己再度轉向北邊，以為自己正在往北邊前進，但事實上卻是往南邊走……有時候就是會發生這種事。

所以說，如果不想再迷路的話，需先瞭解我們大腦內固有的成見①和成見②，並試

圖1　誤以為「E在北邊」

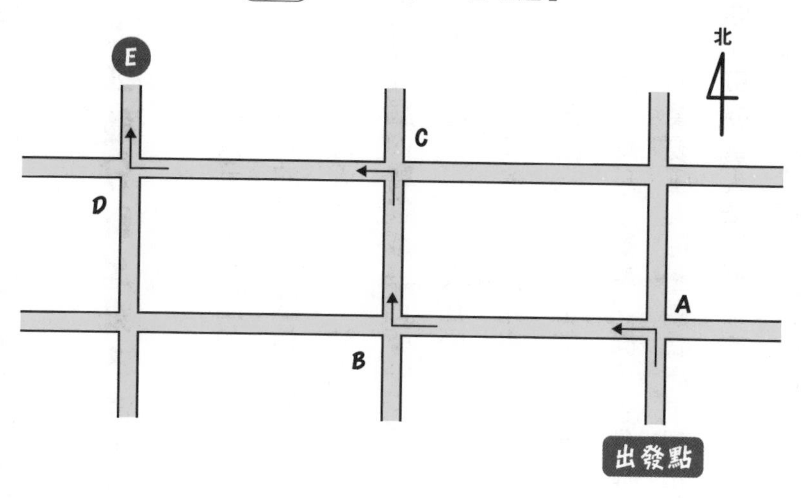

圖2　沒想到「E在南邊」!?

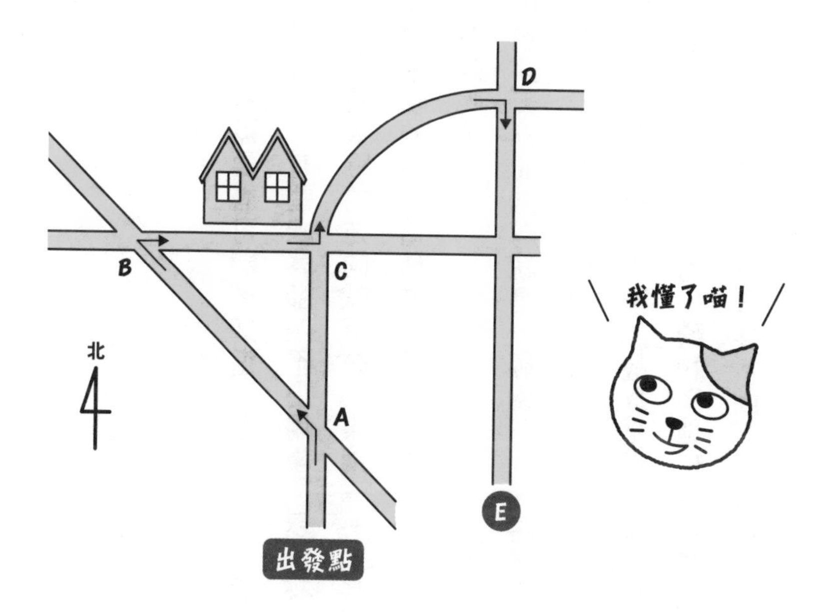

著從客觀角度觀察自己正在走的道路長什麼樣子。

晚上也能分得出東西南北的方法

若希望自己到了陌生的地方時不要變成路痴，就需要盡可能多知道一些可以讓人弄清楚東西南北的線索。隨情況不同，有些線索很有用，有些線索卻派不上用場。舉例來說，如果現在天氣晴朗，時間是下午四點，那麼這時太陽的方向就不是「東邊」，而是要自動在腦內轉換成「西邊」。但如果是雨天或夜晚的話，這種方法就沒有用了。有沒有什麼方法，可以讓人在雨天或夜晚仍可辨別方向呢？

其實是有的。像是用來接收衛星訊號的拋物面天線的方向就是一個例子。衛星轉播時，轉播訊號來自赤道上的靜止衛星，故拋物面天線的方向應朝向「南邊」。

由於從地球上觀看這類人造衛星時，會覺得這類衛星靜止不動，故以稱做「靜止衛星」。如果要讓人造衛星看起來靜止不動，就必須讓人造衛星的公轉軸與地球的自轉軸相同。只有當人造衛星在赤道上空繞著地球轉時，才能滿足這個條件。因此，拋物面天線需要一直保持著朝向赤道的方向，也就是朝向「南邊」才行。

提到朝向南方，就不能不說太陽能發電板。隨著設置地點的狀況不同，不一定「每個太陽能板都會朝向南方」，但只要對照一下各家戶的太陽能發電板，應該就能判斷哪邊是南方了。

綜上所述，我們可以藉由各式各樣的資訊來修正「大腦的成見」。

循環賽的賽程

——用「圓」就能安排妥當

【關鍵字】用點與線連接

第一章中，我們說明了「網路」與「配對」等概念。也就是用「點與線」之間的連接，來決定每一位研討會成員被分到的清潔工作。如果要用嘗試錯誤法來解決這類問題，應會花上不少時間。

有一種工作用嘗試錯誤法來做也會很花時間，那就是安排足球、棒球循環賽的對戰賽程。事實上，這也可以用「點與線」來解決。

假設你在一個地方上的小學足球隊幫忙，而同一個町內的六個隊伍準備要打一輪循環賽。各隊伍會在每個週日時打一場比賽，花五週打完整個循環賽。雖然只有六個隊伍，但安排循環賽的賽程卻不是件簡單的事。若想靠嘗試錯誤法一一嘗試，會變成一項很麻煩的工作。

表1　該怎麼安排賽程呢？

隊伍＼週	1	2	3	4	5
A	B	C	D	E	F
B	A				
C		A			
D			A		
E				A	
F					A

雖然只有六個隊伍，但是嘗試錯誤法很麻煩……

假設這六個隊伍分別是A、B、C、D、E、F。如上方的表1所示，最左欄為各隊伍名稱，最上列的編號則表示第一週到第五週，其餘格子則表示各週與最左欄之隊伍對戰的隊伍。先準備好這樣的對戰表。

比方說，假設隊伍A從第一週～第五週會依序與B、C、D、E、F等隊伍對戰，那麼對戰表便如表1所示。隊伍A第一週的格子內是B，與其對應，隊伍B第一週的格子內就應該填A。其它隊伍依此類推。

請試著自己將這張表填滿。不過必須滿足以下兩條規則。

規則①：每一橫列中，除了自己以外的隊伍都必須出現一次，且只能出現一次。
規則②：每一縱行中，對戰的兩個隊伍，名字必須互相出現在彼此的橫列中。

若照著上述兩個規則填寫這張表，在填寫的過程中通常會卡住。安排循環賽的賽程其實比想像中還要困難。

用簡單而聰明的方法來決定對戰對手

其實還是有好方法可以解決這個問題。首先，如本頁上方圖1所示，先畫一個圓（①），令圓心為A，接著在圓周上取等間距的五個點，令其分別為B、C、D、E、F。以線段連接A與B，再將其它點兩兩相連，不過除了AB以外的線段需與線段AB垂直。連接完成後，彼此以線段相連的隊伍（A與B、C與F、D與E）就是第一週的

圖1　利用圓來自動決定每一場比賽的對戰對手

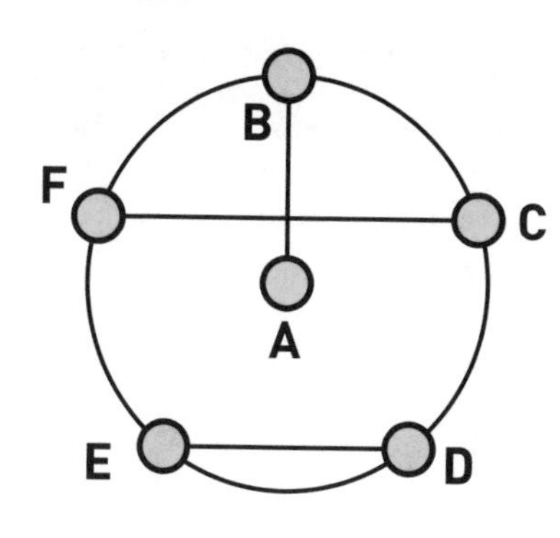

①連接A與B，並使
其它隊伍間的連線與線段AB垂直

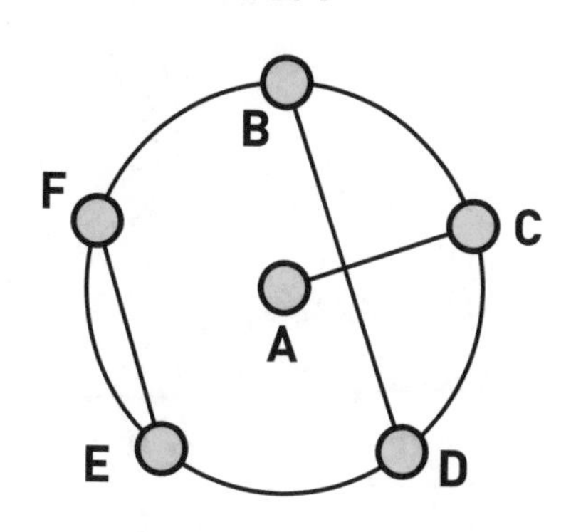

②旋轉五分之一圈

對戰組合。

接著如圖1的②所示，以線段連接A與C，並用與線段AB垂直的線段將剩下的點兩兩相連（也就是將①的三條線各自旋轉1／5個圓）。連接完成後，彼此以線段相連的隊伍（A與C、B與D、E與F）就是第二週的對戰組合。

依此類推，每次旋轉1／5個圓，得到的結果就是下一週的對戰組合。這樣很快就能完成我們的目標，排出循環賽的所有賽程。最後的賽程表如本頁上方的表2所示。

當參戰隊伍是偶數時，不管有幾隊，都可以用這種方法迅速排出賽程，相當方便。

那麼，為什麼用這種方法來排循環賽的賽程時，不會發生任何矛盾呢？

表2 完成後的「循環賽賽程」表

隊伍＼週	1	2	3	4	5
A	B	C	D	E	F
B	A	D	F	C	E
C	F	A	E	B	D
D	E	B	A	F	C
E	D	F	C	A	B
F	C	E	B	D	A

首先，對隊伍A來說，A依次與圓周上每個隊伍對戰，故可確定A會與所有其它隊伍分別對戰一次。對隊伍B來說，其對戰隊伍就是與B以線段連接的隊伍。每旋轉五分之一圓，與B以線段相連的隊伍就會改變，故在這五週內，B也會與其它所有隊伍分別對戰一次。其它隊伍也是類似情形。

一般情況下，當隊伍數目為$2n$時，每經過一週，線段的方向就會旋轉「$1/(2n-1)$」個圓，故每一個隊伍都會與其它隊伍分別對戰一次。

只要善加利用這種「點與線的連接圖」，有時候也能夠解決這類複雜的問題。

在足球的J聯盟或職業棒球中，常需要安排所有隊伍的循環賽。不過實際安排賽程時，還需考慮其它各式各樣的因素。舉例來說，J聯盟的隊伍在一年內會與其它隊伍各對戰2次，一次是主場（在該隊伍的場地比賽），一次是客場（在對戰隊伍的場地比賽）。如果讓某一個隊伍連續參加客場比賽的話，對這個隊伍不利。故安排賽程時，需盡可能讓每一支隊伍的主客場比賽交錯出現。

有辦法讓神轎剛好走過市內每一條路嗎？

——繼承尤拉的想法

〔關鍵字〕一筆劃問題

您有聽過「柯尼斯堡的七橋問題」嗎？這個問題的背景是在普魯士的都市，柯尼斯堡（現俄羅斯境內的加里寧格勒）內，橫跨普列戈利亞河的七座橋。問題內容是「能否在不重複走過同一座橋的情況下，將每座橋都走過一遍」。當時的大數學家尤拉，證明了我們「不可能」找到滿足這個條件的途徑。當時尤拉把這個問題當作「**一筆劃問題**」來解決。

這裡講的一筆劃問題可以應用在各式各樣的地方。比方說以下這種情況。

假設附近的神社要舉辦祭典，神轎需在市內遶境，而你被選為抬轎者的一員。每年

圖1 可以在不重複走過同一座橋的情況下，將每座橋都走過一遍嗎？

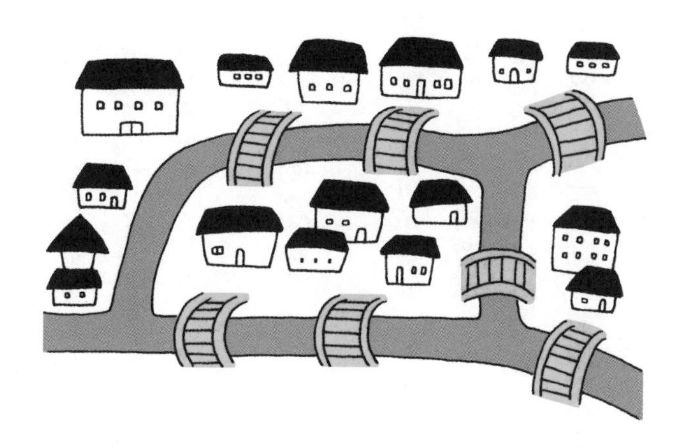

圖2 試著用「一筆劃問題」的角度思考

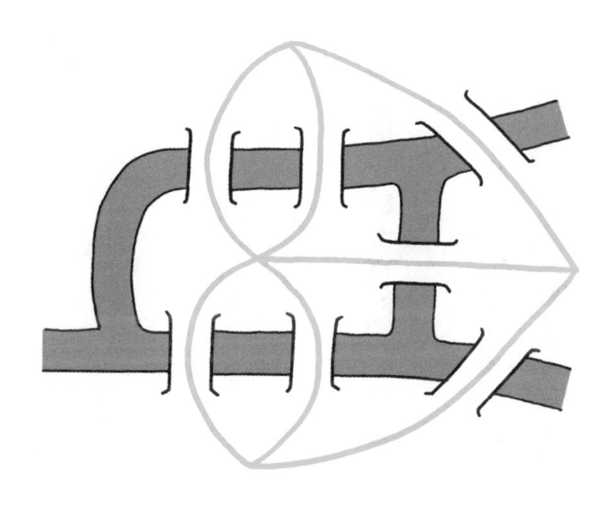

神轎遶境的路線都是一樣的，但若照著這條路線走的話，神轎會經過某些地方好幾次，卻完全不會經過某些地方，故常有人抱怨這很「不公平」。於是，市內的人們為了公平起見，希望能夠找到一條途徑「讓從神社出發的神轎隊伍，能夠走一遍市內的每一條路，且不重複走過同一條路」。究竟做不做得到這點呢……？我們可以應用一筆劃問題的解法解決這個問題。

圖論與一筆劃問題

這個問題可以用「圖論」解決，這種解法在尤拉的「柯尼斯堡的七橋問題」之後，已成了一個眾所皆知的方法。

將地圖內的道路以線段來表示，並將同時可接觸兩條以上之道路的地方視為一個點。故十字路口是一個點，將原本互相垂直的兩條道路分成四個線段。死路的末端也被視為一個點。這種由點與線所組成的圖形，便稱做「**圖**」。

接著來稍微說明一下用語吧。首先，圖3是由點與線所組成的「圖」。這個圖中的「點與線」，分別稱做這個圖的頂點與邊。圖3中，我們亦將神社的位置設為頂點。

圖3　由點與線所組成的「圖形」

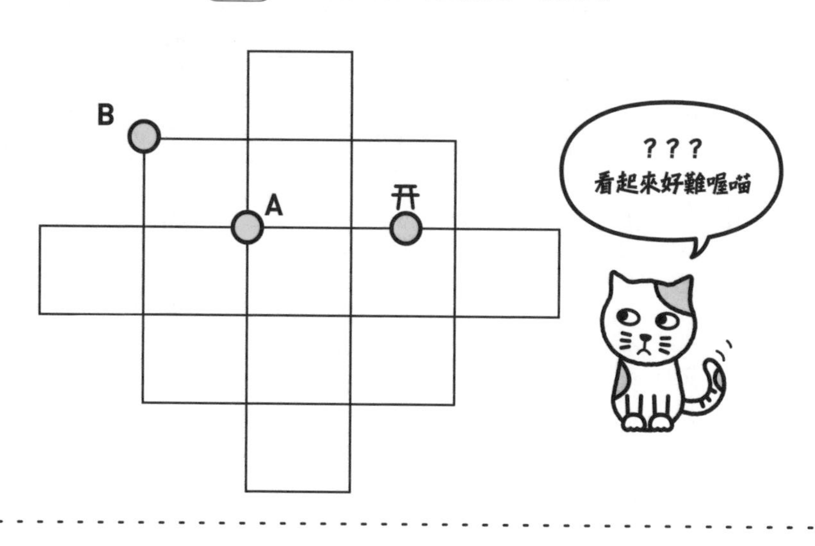

圖中每個頂點所連接的邊，稱做這個頂點的「**次數**」。舉例來說，圖3中，頂點A的次數為4、頂點B的次數為2，位於神社上之頂點的次數也是2。

接著，試著用筆在紙面上沿著每一條邊畫過去，每條邊都要畫到，但每條邊只能畫過一次。這就是所謂的「**一筆劃問題**」。若能用一筆劃畫完所有邊，那麼這個路徑就是一條公平的「神轎遶境路線」。這種圖有以下性質。

性質①：若圖中所有頂點的次數皆為偶數，那麼不管從圖中的哪個地方開始畫起，都能用一筆劃畫完所有邊。

圖3的圖中，所有頂點的次數都是偶數，故由性質①可得知，這個圖可以用一筆劃畫完所有邊。

來練習一筆劃問題吧

那麼，以下就用從神社出發的神轎當做例子，說明如何解出一筆劃問題的答案吧。

首先從神社出發，任意沿著邊前進，但不要重複走到同樣的邊（道路），如圖4（左）的粗體箭頭所示，走過數個邊後回到出發點。這樣的路線隨時都成立。不管怎麼走，都能在不重複走到同樣道路的情況下回到出發點。這是因為，頂點的次數皆為偶數，故從某條邊抵達某個頂點時，一定可以再從另外一個頂點出去，不滿足這個條件的頂點只有出發點而已。

如果隨便走的話，通常還會有某些邊沒有走到才對。這時候可以從原本遶境路線的任何一個頂點岔出去，走到原本的路線沒有經過的邊上。舉例來說，我們可以從圖4（左）的頂點A出發，走過幾個原本不在遶境路線上的邊再走回A，如圖4（右）的虛線箭頭所示。這樣的路線也一樣隨時都成立。不管從哪個頂點岔出去，一定都繞得回原

圖4　以一筆劃完成部分路徑（左）與追加路徑（右）

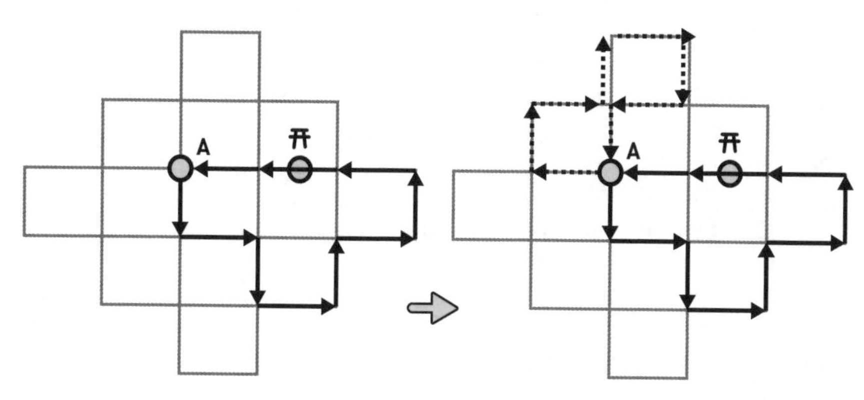

來的頂點。

接著將原本的路線中，從神社出發到抵達A的路線，連接上由虛線箭頭組成的路線，回到A後，再接上原本的路線。便可得到一條比原本還要長的遶境路線。

反覆進行同樣的操作。換言之，只要有沒經過的邊，就從目前遶境路線的頂點岔出去，走到新的邊上。即使走過新的邊，最後也一定會回到原來的頂點，故我們可以逐漸加長遶境路線，直到遶境路線涵蓋市內所有道路為止，這樣就能得到一條一筆劃完成的遶境路線了。

如果某些頂點的次數是奇數的話該怎麼辦呢？

接著讓我們試著考慮某些頂點是奇數的情形。首先，以下性質會成立。

> **性質②**：不管圖形長什麼樣子，次數為奇數的頂點一定有偶數個。
> **性質③**：如果圖形內有兩個次數為奇數的頂點，那麼從其中一個奇數次數頂點出發，並結束於另一個奇數次數頂點，便可完成一筆劃路線。

這種路線的畫法如下所示。從奇數次數（與頂點相連的邊為奇數條）的頂點出發，在不重複經過同一條邊的情況下持續前進，最後抵達另一個奇數次數的頂點。要是有某些邊沒有走到的話，就像圖4的例子般，再插入新的路線就可以了。

那麼，如圖5所示，奇數次數的頂點有四個以上時又該怎麼辦呢？此時沒辦法一筆劃完成路線，只能盡可能減少通過兩次的路線長度而已。圖5的圖中有四個奇數次數的頂點，以◯表示。接著如圖6所示，將比鄰的兩個點配對，於其間追加新的邊，在圖6中以曲線表示。即使兩個頂點間以複數條邊相連，亦不違反圖的規定。

此時，圖中所有頂點的次數都是偶數，故能夠以一筆劃完成路線。因為會用到追加的邊，故同樣的道路要走兩次，但這也是沒辦法的事。這已經是盡可能公平的遶境路線了。

如本節例子所述，若將問題改以圖的方式描述，就可以利用「**圖論**」的性質來解決

圖5 奇數次數頂點有四個以上時的圖

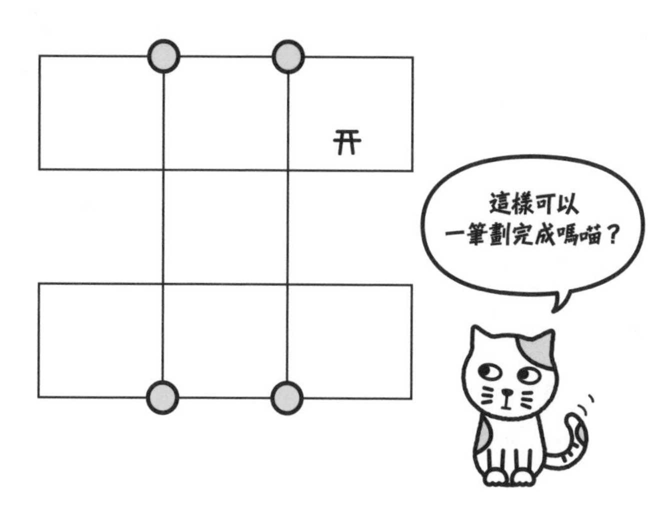

圖6 追加新的邊，使所有頂點的次數都變成偶數

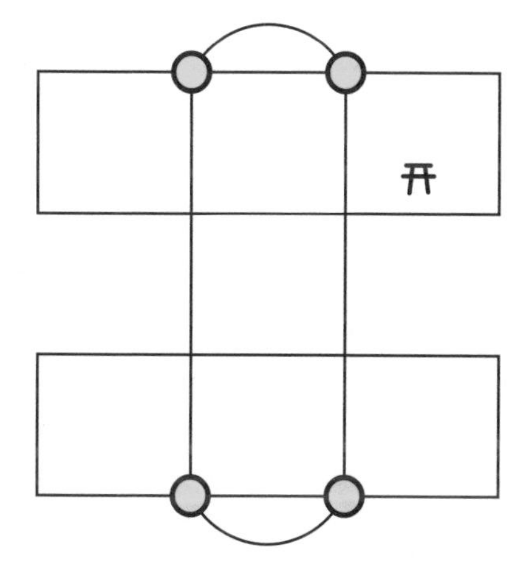

這個問題。在我們難以用數值與算式來表示問題時，圖是一個強而有力的道具，也是一種很有深度的工具。

由照片正確計算出兩點間的距離

——四等分逼近法

〔關鍵字〕射影變換

我們有時會在電視劇的法庭戲中聽到「提出這張照片做為證據」之類的台詞。確實，照片可以做為現場的記錄。但某些照片乍看之下，並沒有辦法馬上解讀出我們需要的資訊。

像「距離」就是。我兒子在足球的全縣比賽中，以一記漂亮的長射結束了比賽，拿下勝利。在家裡開慶祝會時，大家開始討論起那一記長射是從幾公尺的地方起腳的。有些人認為是從30公尺以上的地方射門，也有人認為是從20公尺的地方射門。我從拍到的影片中，擷取出射門那一瞬間的畫面給大家看（圖1），我們有辦法由這個畫面測出射門的距離嗎？

尋找正確計算出「射門位置」的方法

攝影畫面中，距離較近的東西拍起來會比較大，距離較遠的東西拍起來會比較小，故沒辦法直接拿尺量出畫面中的距離。而且，把畫面放大或縮小之後，畫面內物體的長度也會有所變化。

不過，只要照片內有照到部分球場的話，就可以確定兒子是從哪裡起腳射門了。如圖1所示，畫面有清楚照出半邊球場，故可利用這部分畫面做為線索進行推論。一般而言，拍攝到的影像有以下性質。

> **性質①**：現實中的直線在畫面中仍是直線。
> **性質②**：現實中的平行線在畫面中會變成放射狀散出的直線群。

反覆進行「四等分逼近法」

標準的足球場大小如圖2所示。我們想知道球員是從球場的哪個位置射門的。

圖1　推論球員是從幾公尺的地方射門

圖2　是從這個足球場的哪個位置射門的呢？

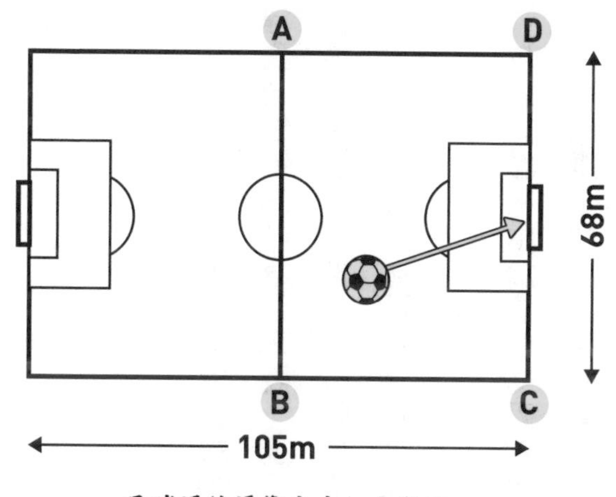

足球場的標準大小如上所示

起腳位置是球場右半邊長方形ＡＢＣＤ內的某處。接下來我們要將這個長方形四等分，縮小射門位置的可能範圍。如圖３所示，我們可依照以下⑴、⑵、⑶的步驟作圖，逐漸縮小範圍。

⑴連接對角線ＡＣ、ＢＤ，得到其交點Ｅ。

⑵通過Ｅ作ＡＢ的平行線。

⑶通過Ｅ作ＢＣ的平行線。

讓我們試著在原本的畫面（圖１）中進行上述步驟。如圖４所示，依照步驟⑴、⑵、⑶進行作圖。其中，作平行線時，需要用到前面提到的性質②。舉例來說，進行作圖步驟⑶時，需先將線段ＡＤ、線段ＢＣ延長，求出這兩條直線的交點Ｆ，這就是平行線以放射狀散出的起點。接著將點Ｅ與點Ｆ以直線連接，這條線就是通過Ｅ之ＢＣ的平行線。

步驟⑵的作圖也一樣，要先求出直線ＡＢ與直線ＣＤ的交點。由於這個交點在書本紙面的範圍外，故這裡省略了過程。如果將照片貼在更大張的紙上的話，還是可以畫出我們要的交點。經過以上步驟後，我們便成功將射門位置的可能範圍，縮小成一個只有原本１／４大小的長方形了。

圖3　縮小射門的可能範圍

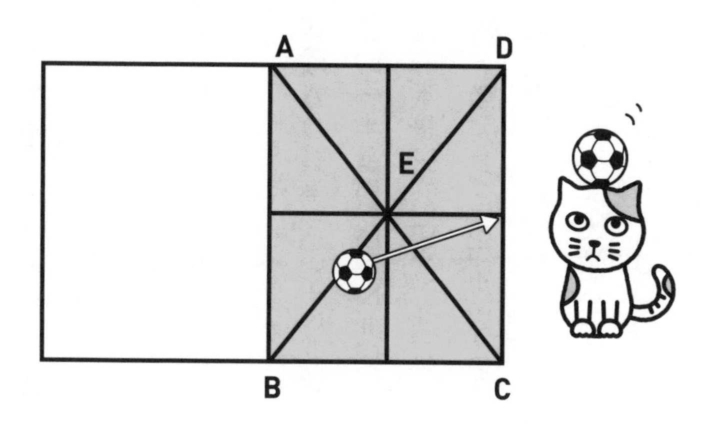

圖4　將球場右半邊四等分，使射門的可能範圍變為原來的1／4

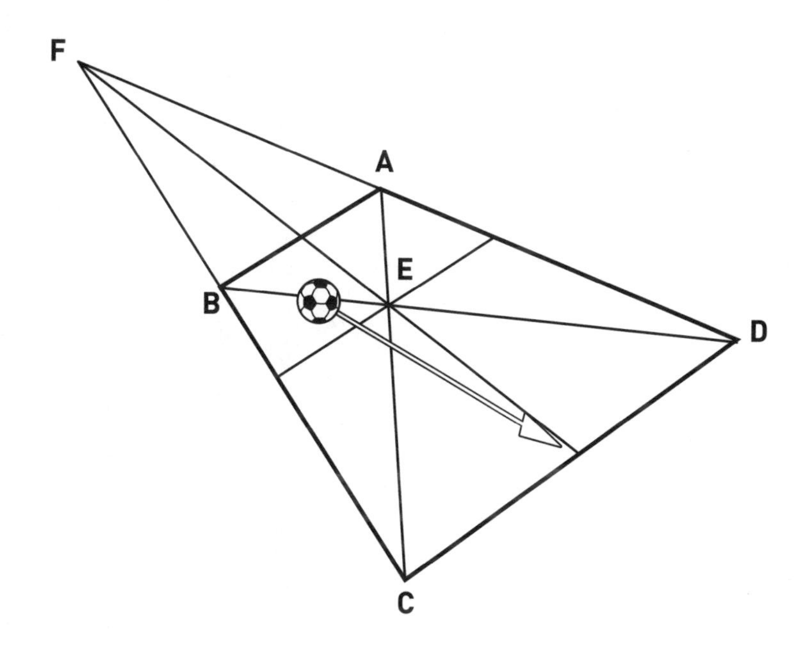

如圖5所示，我們可以再將射門的可能範圍縮小成圖4所示之範圍的1／4，依此類推，反覆操作相同步驟，直到長方形的可能範圍足夠小。

最後將結果還原至原本的球場俯瞰圖，如圖6所示，就可以確定起腳射門的位置在哪裡，也可以算出起腳位置與球門的距離。

讓我們試著實際算出這個距離吧。由前面的步驟，我們可以知道起腳射門的區域在圖6的這個黑色長方形內。而這個長方形的四個邊中，與線段AD平行之邊的長度計算如下。

線段AD長為105÷2＝52.5公尺

它的一半是52.5÷2＝26.25公尺（約為26．3公尺）

再一半是26.25÷2＝13.125公尺（約為13．1公尺）

再一半是13.125÷2＝6.5625公尺（約為6．5公尺）

由俯瞰圖可以知道，黑色長方形與球門的距離為：

26.3＋6.5＝32.8公尺以上

26.3＋13.1＝39.4公尺以下。

也就是說，起腳射門時，球員與球門的距離在32．8公尺以上、39．4公尺以下，

圖5　再縮小起腳射門的可能範圍

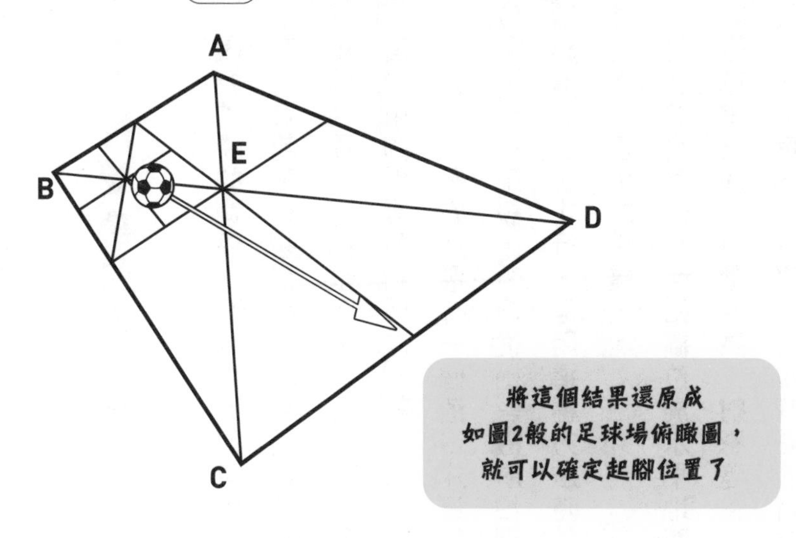

圖6　將結果還原到俯瞰圖上，便可確定起腳位置

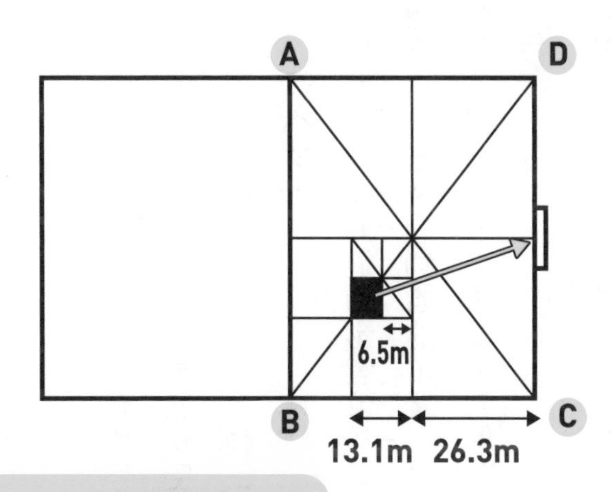

由這張圖可以得知，
起腳位置在這個黑色長方形內。

故是一記30公尺以上的長射。

參考射影變換的方法也可以！

因為透視的關係，照片中近的東西看起來會比較大，遠的東西看起來比較小，使照片中空間看起來有些歪斜。若要測量這歪斜空間中的距離，就需利用某些在空間歪斜時仍適用的性質。本節提到的性質①與性質②，就適用於這種歪斜的空間。找出在任何情況下皆適用的性質並利用之，就是整個數學領域的基本精神。

此外，這個方法還有一個值得注意的重點，那就是不需知道攝影者位於觀眾席的哪個位置。一般來說，若想從攝影機所拍到的影像來推論影像中物體的位置，通常需要知道攝影機的位置才行。但用這種方法時就不需要了。因為這種方法會用到攝影時「在任何情況下皆適用的性質」。

當我們從某個角度拍攝位於水平地面上的足球場地時，拍攝所得之照片內的球場，與實際球場之間，有著名為「**射影變換**」的關係。這是一種描述圖形變換的關係。而這所謂的射影變換，只要知道四個點的對應關係，就可以用數學式具體描述兩個圖之間的關係。

拿本節的例子來說，若知道拍攝到的影像與實際球場內，四個角落A、B、C、D的對應關係，就能推論出一系列轉換用的數學式。再將影像中起腳射門位置的座標帶入式子，就可以計算出球員在實際球場中起腳射門的位置。當然，這裡省略了一些比較複雜的數學。若能學會射影變換這種方法的話，就不需要像本節一樣反覆進行單調的作圖，只要經過一次計算，馬上就能得到所求的位置資訊。有興趣的人不妨試著挑戰看看射影變換。

游泳池的水要花多久才能放完？

——水深與流速的關係是？

【關鍵字】分成不同區間

問題

今年開始我負責管理市民游泳池。由於夏天即將到來，我打算把游泳池的水換掉。游泳池的水深原本是1公尺，開始放水1小時後變成了90公分。有沒有什麼方法可以知道，這樣下去，大概還需要多少時間，才能把所有水放完呢？

或許有些人會從「1小時候水深從1公尺便成了90公分」這樣的資訊，直接推論到「1小時降低10公分，而水深是100公分……我知道了，是10小時！」但這樣的話也未免太過簡單化了。要解決這個問題，必須用到一些「物理」概念才行。

游泳池底部有排水口，打開排水口後就能讓水流掉。而水流掉的速度會隨著泳池的深度而改變。水流掉時，會受到水本身的重量擠壓（壓力），故泳池的水越深，水從排水口流掉的速度越快；水越淺，水從排水口流掉的速度就越慢。也就是說，當水變淺時，1小時內水面降低的量會比10公分還要少。

先複習一下平方根

在討論水深與水流掉的速度之間的關係前，讓我們先來複習一下「**平方根**」這個概念。

假設正數 x 與 y 有著 $x=y\times y$ 的關

係，那麼我們會說x是y的「**平方**」（也就是y的2次方），而y是x的「**平方根**」。舉例來說，9＝3×3，故3的平方是9，9的平方根是3。如果每次都要寫「x的平方根」那麼多字會顯得很冗長，故會將其表示為$\sqrt{x}$，念作「根號x」。譬如說$\sqrt{9}=3$。

除了9的平方根以外，4、16、25的平方根（依序為2、4、5）也常用於舉例說明。

一般來說，手算x的平方根是一件很麻煩的事，故通常會用計算機來算。大部分的計算機上都有一個用來計算平方根的按鈕，只要按一下就可以在一瞬間求出一個數的平方根了。

平方根可應用在許多地方。舉例來說，面積為a平方公尺的正方形，其邊長就是$\sqrt{a}$公尺。

將水深以10公分為一個區間分別計算

前置作業花了不少篇幅，讓我們把話題回到游泳池上吧。

這裡我們會用到：

「設水深為 x 公分，那麼從泳池底部流出的水，其流速會與 x 的平方根 $\sqrt{x}$ 成正比」這樣的性質。

題目中寫道，若在水深為1公尺（100公分）時打開泳池的排水口，1小時後水深會降至90公分。故這1小時內，水位降低了10公分。

基於上述資料，以10公分為一個區間，預測之後水位每下降10公分需花費多少時間。預測結果如次頁表1所示。

最左欄表示這個區間內的水位變化，第二欄表示區間內的平均水位 x，第三欄為其平方根 $\sqrt{x}$。其中，第三欄的數字是由計算機計算到小數點以下第一位後四捨五入的數值。

如第三欄所示，隨著水位的下降，單位時間內流掉的水量應該也會跟著減少。假設最初的1小時內，流出的水量是 $\sqrt{95}=9.7$ 份，並使水位下降了10公分。而下一個區間內，1小時流出的水量是 $\sqrt{85}=9.2$ 份，故我們可以預測到，欲讓水位從90公分下降至80公分，需要花費 $9.7\div9.2=1.1$ 小時才行。

依此類推，最初的1小時可流掉9.7份的水量，以這個數為基準，分別除以水深為

x時所對應的流速$\sqrt{x}$，便可預測在該區間內，要花多少時間才能讓水位下降10公分。最後再將這些時間加起來，便可得知若要放光全部泳池的水，約需17．5小時才行，如表1的右下所示。

表1 泳池水位每下降10cm所需的時間（概算）

水位變化	平均水深x	x的平方根$\sqrt{x}$	水位每下降10cm所需的時間
從100到90	95	9.7	9.7÷9.7＝1.0
從90到80	85	9.2	9.7÷9.2＝1.1
從80到70	75	8.7	9.7÷8.7＝1.1
從70到60	65	8.1	9.7÷8.1＝1.2
從60到50	55	7.4	9.7÷7.4＝1.3
從50到40	45	6.7	9.7÷6.7＝1.4
從40到30	35	5.9	9.7÷5.9＝1.6
從30到20	25	5.0	9.7÷5.0＝1.9
從20到10	15	3.9	9.7÷3.9＝2.5
從10到0	5	2.2	9.7÷2.2＝4.4
總計			17.5小時

不過，這種預測方式並不精確，只是近似值而已。之所以會說這只是近似值，是因為「水位是連續地下降（持續改變）的」，故水的流速也應該會連續地降低（持續改變）。然而表1中以10公分為一個區間，並假定在每一個區間內，水的流速「固定」，故得到的時間僅為近似值。若能將這些以10公分為一個區間的資料切得更細，分成更小的區間，應可提高預測的精準度，得到更接近真實的數值。

利用微分方程式求出正確答案

雖然算出來的是近似值，但我們也花了不少工夫，動手也動腦，把水深以10公分為單位分成數個區間之後得到了答案，故這也是一種解法。不過，如果用的是這種方法，那麼不管改切成5公分為一區間、1公分為一區間、5毫米為一區間，或者切得更細，得到的答案仍是「近似值」。這真是讓人太失望了！有沒有什麼方法能夠計算出正確的數值，而非只是近似值呢？

方法是有的。這種方法不需將持續改變的變量切成一個個區間，再由此求出近似的答案，而是利用完全與此不同的**「微分方程式」**來解決這個問題。由於這會用到高難度的數學知識，故本書不會提及。若您有興趣的話，還請您務必嘗試看看。如果用微分方程式來解的話，就不需要使用計算機，製作出像表1那樣麻煩的表格，算出來的也不是近似值而是正確值。知道數學越多知識，就知道如何運用各種方便的工具。

第6章

更多實用的數學

地震時的避難模擬

——違反常識、「意想不到的結論」

〔關鍵字〕細胞自動機

每年9月1日是日本防災之日，11月5日是日本海嘯防災之日。防災之日是為了讓大家謹記1923年（大正12年）9月1日時發生的關東大地震，且這天是立春之後的210天，也有提醒大家防範颱風的用意。而海嘯防災之日則是為了紀念1854年（安政元年）的「稻草堆之火」，當年11月5日發生了安政南海地震（前一天則發生了安政東海地震），地震產生的大海嘯襲擊了和歌山縣廣村（現在的廣川町），當時的村長濱口梧陵在稻草堆上點火，引導眾人前往高處避難，救了許多人的性命。

從2011年3月11日以來，各個地方自治會、町內會紛紛舉辦了各式各樣的防災訓練。其中，如果訓練時要人們逃出建築物避難的話，大都會說「冷靜下來，不要慌張，用平常走路的速度避難就可以了」，不過一般人應該會對這種訓練的實用性感到懷疑吧。如果不是訓練，而是真的碰上災難的話，大部分的人應該都會盡全力逃跑才對。

「避難時不要慌張」真的比較好嗎？

接著，就讓我們從數學的角度，試著思考什麼是「有效率的避難方式」吧。

假設現在有很多人想從建築物內逃出至建築物外避難，且他們都用最快的速度跑向出口，那麼在出口附近一定會一團亂。人群內會發生許多碰撞，使人流停滯不前。而且，當所有人都全速跑向出口的話，就算是年輕人也可能會在樓梯間因碰撞而跌倒，更不用說人群中還有老人、幼兒等不同年齡層、不同性別的人們，要是有人一個勁地全力衝刺，很容易撞倒其他人，故全力衝刺絕對不是一個好的避難方式。

因此，用像平常一樣的速度步行避難，才是最有效率的避難方式。說到這裡，應該會有很多人想問「原來如此，你說的可能有點道理，但真的是這樣嗎？」在你聽過以下的說明之後，或許就能明白為什麼「避難時不要慌張」了吧。

圖1 用來表示人流的細胞自動機

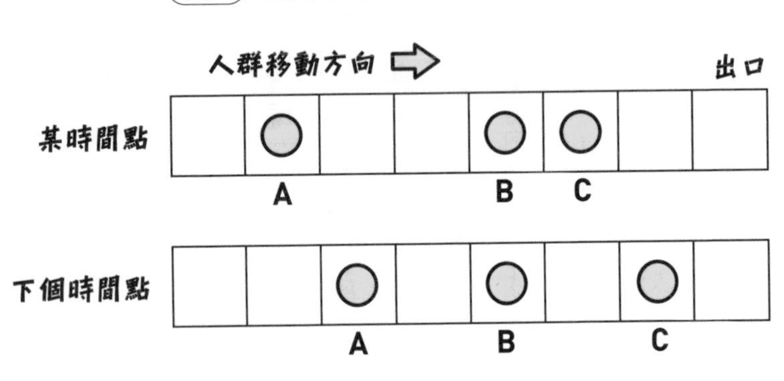

以「移動規則」進行模擬

考慮一列由方形格子所組成的圖形，如圖1所示。請將這是為細長的走廊。右端為走廊出口，而一個格子代表能夠容納一個人的空間大小，◯則表示該格子內有一個人。

走廊上的人會由左往右（朝著出口）移動，移動時需遵守下列規則。

> **移動規則**：若◯右邊的格子是「空格」，那麼◯在下一個時間點便會移動到右邊的格子。若右邊的格子有另一個◯，那麼下一個時間點便會停留在原來的格子。

舉例來說，圖1最上列的格子中A與C的◯右邊是「空格」，故在下個時間點時，A和C移動到右邊的格子內，而B的◯在下個時間點仍停留在原來的格子內。

圖1可以想成是走廊上的人們由左往右移動時的狀況。移動規則可以想成是「如果前面是空的就前進。如果前面有人的話，就只能等到前面的人前進之後才能前進」。以這種圖來表示人的移動模式，又稱作「**細胞自動機**」模型。

利用細胞自動機來比較各種避難方法

接著讓我們試著利用細胞自動機，來比較兩種避難方法。

次頁圖2的最上列中，四個人中間各空了一格，故所有人的前方都是「空格」，假設此時的時間為0。每當時間增加1，這四個人的位置的變化將如同圖2地第二列以下所示。由此可看出，每經過1單位時間，所有人都會前進1格。時間為8時，所有人都可以從最右端的出口離開。

接著請試著想想看當四人都擠在一起時，移動速度會有什麼變化，請看圖3的最上列。圖中四個人的平均位置，比圖2時間為0時四人的平均位置還要右邊一些（也就是說離出口比較近）。

若◯遵守「移動規則」移動，則四人位置的變化將如同圖3的第二列以下所示。由於圖3在時間為3時的人群分布與圖2的時間2完全相同，故圖3時間3之後的變化也會與圖2時間2的變化相同，只是落後圖2一個單位的時間而已。因此，圖3中的最後一人會在時間為9時抵達出口，花費的避難時間會比圖2還要長。

由以上細胞自動機的觀察可以得知：避難時，與其緊跟在前面的人後面，造成人群擁擠，不如和前面的人

圖2 若前方為空格，避難過程會比較順利

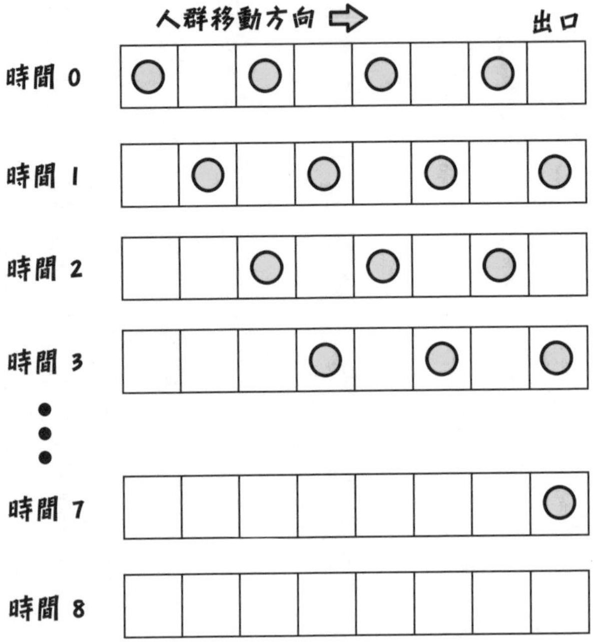

人群移動方向 ⇨ 出口

時間 0

時間 1

時間 2

時間 3

時間 7

時間 8

圖3　前方被人群塞住時避難效率較差

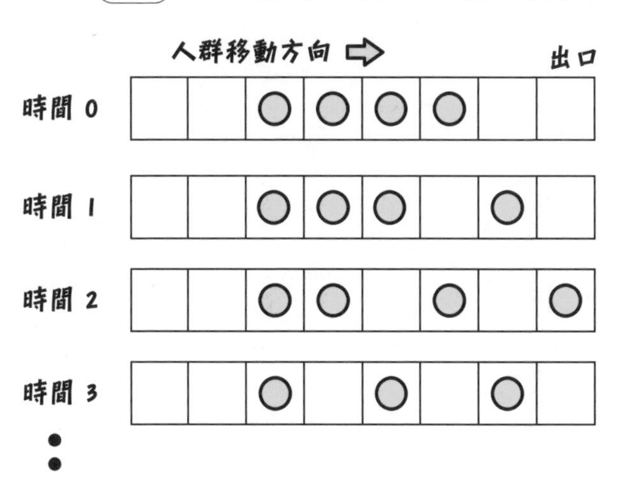

保持一定距離，這樣避難的效率比較高。而且，如同我們一開始所說的，要是在避難時奔跑的話，可能會跌倒或撞到它人。因此，用與平常走路相同的速度，緩緩走出建築物，才是最有效率的避難方式。

細胞自動機讓我們可以用簡單、明快的規則來描述避難時人群的複雜行動。這種以簡單的形式描述實際現象的概念，稱做「**模型化**」。若要以數學解釋自然現象或社會現象，這是一個很重要的過程。

買了彩券卻沒中

——如果把它想成是捐贈行為的話⋯

【關鍵字】期望值

一到了JUMBO彩券*1發行的時期，東京西銀座的某個彩券販售處就會大排長龍，很多人都覺得在這裡買比較容易中獎。雖然理論上，不管在哪裡買彩券，中獎機率應該都一樣才對。如果彩券行賣出很多彩券，中獎的彩券數自然會比較多，不過沒中獎的彩券也會很多。

先不管在哪裡買比較容易中獎，讓我們稍微聊聊彩券的機制吧。

首先，在當期彩券販售期間結束以後，彩券發行單位會用公正的方式（像是在許多人面前，以飛鏢射向旋轉中的圓板之類的）抽選出中獎號碼。接著再支付對應的中獎金額給擁有中獎彩券的人。

所以如果運氣好、剛好買到中獎彩券的話，只要花少少的錢（一張彩券300日圓），就能夠獲得高達數億日圓的高額獎金。

不過，在這之後才是重點。彩券的營業額並不會全部都當作獎金。做為獎金發還給購買者的金額佔營業額的比例，又叫做獎金比例，日本彩券的獎金比例皆在二分之一以下，其餘則歸彩券發行商所有。其中一部分會用於印刷與販賣彩券時的費用，此外還會用在其它地方上。

另外，一般人不可以自行販賣彩券，這麼做的話會被當作犯罪行為取締。日本法律規定，只有地方自治機構，或者有政府許可的特殊團體才能發售彩券，且彩券的獎金比例不可超過50％＋加算金（如LOTO 6[*2]的過去累積獎金等）。而將獎金發給中獎者後，剩下的錢必須用於地區醫療發展等公共事

中獎了嗎喵？

彩券

＊1：JUMBO彩券為日本在年終時發行的彩券。每張彩券上有一組六位數，玩法類似台灣的統一發票對獎。

＊2：LOTO 6玩法與一般樂透相同。從號碼1～43中選出六個，若三個號碼以上與開獎號碼相同則中獎。

業。所以基本上來說，彩券就是從金錢上有餘裕的人身上蒐集金錢，再將其投入公共事業的活動。

當然，我們買彩券的時候，並不曉得付出去的錢會有多少變成獎金還回來。因為彩券可能會中獎，也可能不會中。在這種不確定會不會中獎的狀況下，若想知道我們花一筆錢買彩券後，大概能拿回多少比例的獎金，可以將所有買彩券的人拿到的獎金平均後做為參考。這個數值又稱作「**期望值**」。而彩券獎金的期望值，就是購買彩券的金額乘以獎金比例。

由於日本獎金比例為50％以下，故購買一張300日圓的彩券時，獎金的期望值在150日圓以下。

有錢人捐錢給公共事業的活動

也就是說，平均而言，買彩券時會減少一半的財產。這其實就是一開始發行彩券時的目的，如前所述「將有錢人多餘的錢投入公共事業」，所以這也無可厚非。換言之，購買彩券的人也可以說是「捐贈金錢」給公共事業。所以，如果是為了變有錢而買彩券，從根本上就用錯方法了。

再來要談的仍是對期待「獎金」的人來說不怎麼中聽的話。一等獎的獎金非常多，得獎者卻非常少。這是將許多人的錢集中起來交給極少數人的過程，是一種極度不公平的分配方式。雖然我們前面有提到，獎金的期望值約為購買彩券時花費之金額的一半，但這其實是統計了數不清的彩券購買者後所得到的平均數值。大多數購買彩券的人根本拿不到購買彩券時所花費之金額的一半，只能拿到幾乎等於沒有的獎金。假設有人花3000日圓購買十張連號的300日圓彩券，由於連號的十張彩券中必有一張會中300日圓，故通常只能拿回300日圓，也就是花費金額的10%。

說到這裡，應該可以了解到以獎金為目的去購買彩券是多可笑的事了吧。彩券這種東西，讓那些金錢上很有餘裕，「想捐錢給公共事業」的人去買就好了（真希望在報稅的時候，可以將購買彩券所花的錢拿來抵扣所得）。

想靠彩券發大財——這種想要不勞而獲的心態本身就不正確了，應該被矯正。若他們看到期望值，甚至是花3000日圓只能拿回300日圓的實際情況時，應該會覺得「還是得腳踏實地努力才行」吧……。

雪屋為什麼會做成圓頂狀？

——藉由力的合成得到「往上的力」

〔關鍵字〕向量之力

在常下大雪的地方常可看到有人建造「雪屋」。或許有人會覺得，明明可以建造成四四方方的雪屋，為什麼所有雪屋都會做成圓頂的樣子呢？雪屋之所以不是四方形，而是像球一樣的形狀是有原因的。因為這樣比較堅固。

來自斜下方的支持力

雪屋的牆壁與天花板是由連續的雪塊製成，但為了方便說明，以下將雪屋的牆壁與天花板想成是由一塊塊雪磚堆砌而成。

圖1　來自橫向雪磚的支持方式

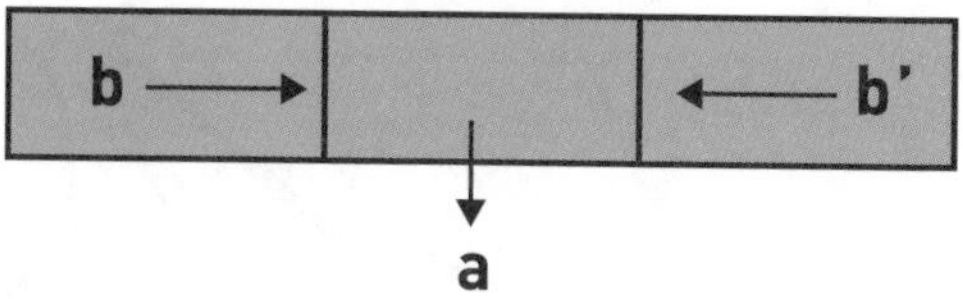

圖2　來自斜下方雪磚的支持方式

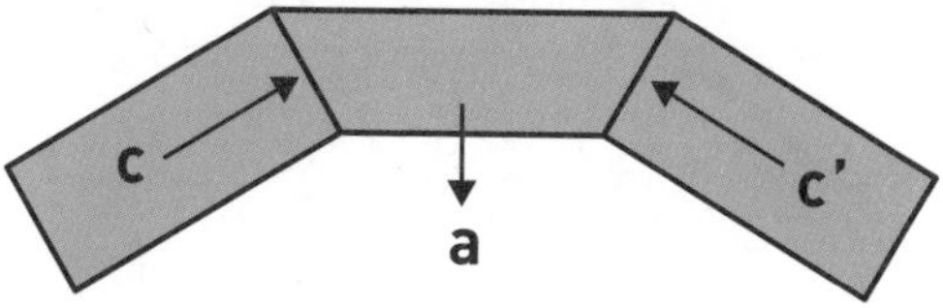

首先，如圖1所示，在一塊四角形雪磚的兩側分別用一塊雪磚夾著，做為天花板的一部分。若不想讓中間的雪磚掉下來，兩邊的雪磚需要用很強的力量夾住。夾住的力量越強，磚塊間接觸部分的摩擦力就越大，使中間的雪磚越不容易掉下來。

接著如圖2所示，將梯形雪磚的短邊朝下，並在其兩側分別用一塊雪磚撐起。這時來自兩側的雪磚就算沒有像圖1般用力夾著，也可以撐起中間的雪磚。事實上，因為兩側的雪磚不是從旁邊夾住，而是從斜下方撐起中間的雪磚，故只要不移動兩側的雪磚，中間的雪磚就不會掉落。

一般而言，力包含了大小與方向兩種性質，我們可以用一個箭頭來表示這兩種性質。

圖3 「力的合成」規則

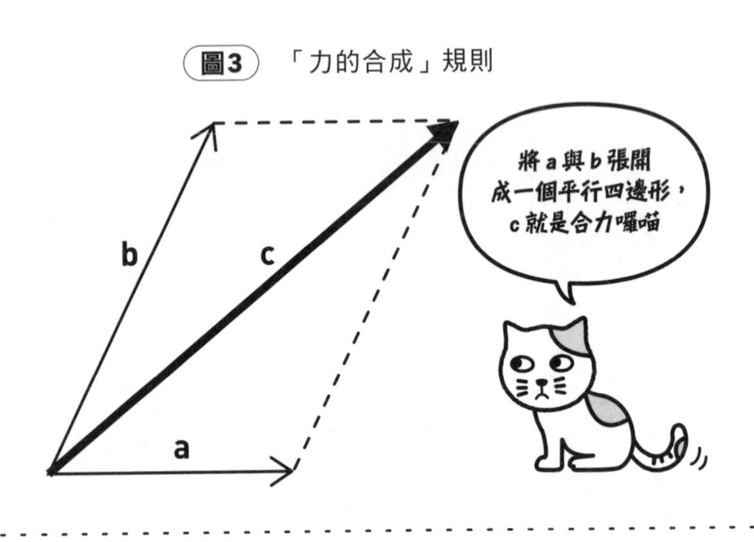

箭頭方向代表力的方向，箭頭長度代表力的大小。這又稱作「**向量**」。

而當我們想合成a、b這兩個力時，可將a與b兩個箭頭視為一個平行四邊形的鄰邊，如圖3所示。此時，平行四邊形的對角線c，就是合力的大小與方向。這也稱作「**力的合成規則**」。

四方形雪屋或圓形雪屋

讓我們用向量再思考看看為什麼雪屋都是圓頂吧。中央的雪磚在重力的影響下，會有一個往下落的力，在圖1與圖2內以箭頭a來表示。

雪磚之間的作用力與接觸面互相垂直。故

圖1中，支撐中央雪磚的力是兩個方向相反的水平力，以b、b'表示。這兩個力在合成後不會產生往上的力，故需要靠其它如摩擦力之類的力量支撐起中央的雪磚才行。

而圖2中，支撐雪磚的力c、c'則是斜向上的力，其合力如圖4所示，是一個向上的力d，可與重力a達成平衡，故不需要依靠摩擦力也能支撐起中央的雪磚。

如圖1所示，如果雪屋的天花板是由橫向排列的雪磚組成，就需要很大的力量才能維持天花板的結構；但如果雪磚如圖2般呈現弧狀結構撐起天花板，就不需要那麼大的力量了。

圖4　合成出向上的力

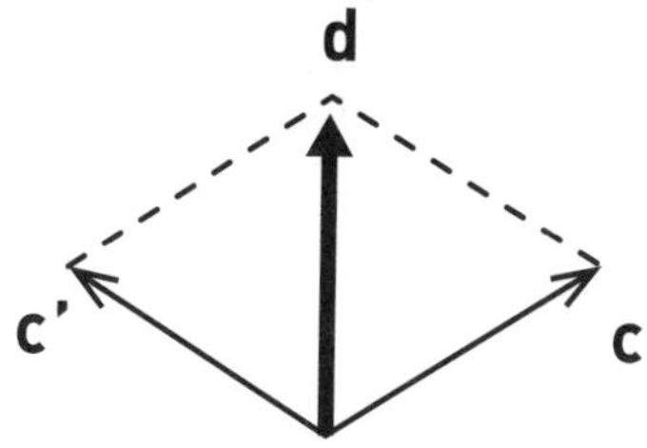

四方形雪屋如次頁圖5左方所示，天花板的雪磚需由其旁邊的雪磚以橫向力量支持，故需要很大的力量才行。另一方面，圓形雪屋中如圖5右方所示，天花板由斜下方的雪磚支撐，這麼一來，崩落的危險性就少了許多。

或許會有人覺得四方形雪屋內的空間比較寬廣，使用起來比較方便，但若以安全性為優先，圓形雪屋會好得多。想必您也認同吧。

圖5 比起「四方形」，「圓型」雪屋對屋頂的支撐力比較大

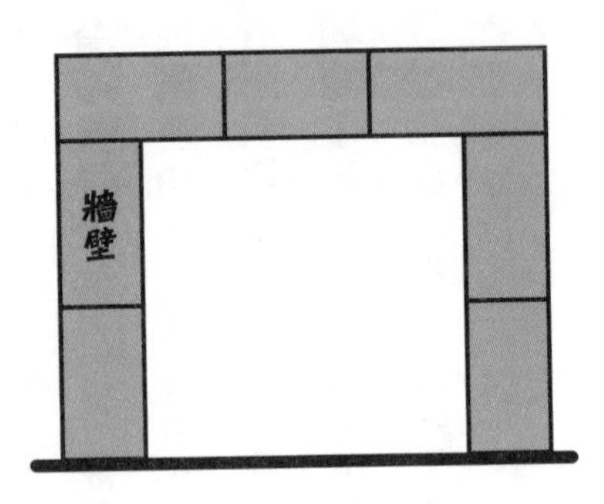

許多建築物的結構像雪屋一樣有著圓頂。像是

・隧道的天花板
・教會的半球狀圓頂
・巨蛋棒球場的圓頂
・拱橋
・拱門

以上例子都是為了用最少的力支撐起頂部而製作出來的結構，以確保結構的安全性。

結語 ——很好用的「數理工具」！

如同我們在「前言」中提到的，本書是從連載於月刊雜誌《孩子的科學》的專欄內容中，嚴選出「想讓大人也讀讀看」的項目寫成本書，書中提到的例子也改寫成了適合大人的內容。不過，雖然說改寫成了給大人看的書，卻沒有因此而提高內容難度。我寫這本書的目的，是想讓原本認為自己一輩子不可能去碰數學的人，開始覺得知道一些數學知識好像也沒什麼損失，故我試著保留了原先內容的難度。

舉例來說，對那些原本就很懂數學的大人們來說，可以直接用微分方程式這種工具來說明某些書中內容，我卻在書中保留了專欄內容內簡單的數學概念，試著以四則運算求出其近似解。如果這些看似「土氣」的方法，可以讓讀者們感覺到應用數學（數理工具）的有用之處的話，那就太棒了。

寫作本書時，我受到了很多人的照顧。我要感謝從連載時便擔任企劃、編輯，給了我許多幫助的誠文堂新光社的柳千絵、榎かおり、土舘建太郎，以及在我為連載原稿加筆時，提供許多意見的畑中隆等人，在此致上最深的謝意。

【作者簡歷】

杉原厚吉

1973年，東京大學工學系研究科碩士畢業，同年進入通商產業省（現在的經濟產業省）擔任電子技術綜合研究所研究官。1980年獲得工學博士學位。1981年擔任名古屋大學工學研究所助理教授。1991年擔任東京大學工學部教授。2001年擔任東京大學資訊理工學系研究所教授。2009年4月起為明治大學的研究、智財戰略機構特任教授。2010年起為科學技術振興機構（JST）CREST研究代表人。專長為應用數學。以數學方法研究錯覺圖與錯視，於最佳錯覺競賽（Best Illusion of the Year Contest）中獲得兩次冠軍、兩次亞軍。

著作包括《不可能存在的物體之數理》（森北出版）、《拓樸學》（朝倉書店）、《有夠怪的立體圖》、《錯覺圖的描繪方式》（誠文堂新光社）、《錯覺圖與線性代數》（共立出版）（以上書名皆為暫譯）等。

正文內容設計、DTP／三枝未央
插圖／村山宇希（株式會社Polka）
編輯協力／畑中隆（Shirakusa）

SUUGAKUTTE, NANNOYAKUNITACHIMASUKA？

生活中無所不在的數學
解決問題的最佳工具

2019年 2 月1日初版第一刷發行
2019年10月1日初版第三刷發行

作　　者　杉原厚吉
譯　　者　陳朕疆
編　　輯　吳元晴
特約美編　鄭佳容
發 行 人　南部裕
發 行 所　台灣東販股份有限公司
<地址>台北市南京東路4段130號2F-1
<電話>(02) 2577-8878
<傳真>(02) 2577-8896
<網址>http://www.tohan.com.tw
郵撥帳號　1405049-4
法律顧問　蕭雄淋律師
總 經 銷　聯合發行股份有限公司
<電話>(02) 2917-8022

國家圖書館出版品預行編目資料

生活中無所不在的數學：解決問題的最佳工具/
杉原厚吉著; 陳朕疆譯.-- 初版. -- 臺北市：
臺灣東販, 2019.2
216面；14.7*21公分
ISBN 978-986-475-904-0 (平裝)

1.數學 2.通俗作品

310　　107022152